JN116851

はじめに

多くの書籍の中から、「よくわかる Word 2021&Excel 2021スキルアップ問題集 操作マスター編」を手に取っていただき、ありがとうございます。

本書は、WordとExcelの問題を繰り返し解くことによって基本操作をマスターすることを目的とした問題集です。

FOM出版から提供されている次の教材と併用してお使いいただくことで、学習効果をより高めることができます。

・「よくわかる Microsoft Word 2021基礎 Office 2021／Microsoft 365対応（FPT2206）」
・「よくわかる Microsoft Excel 2021基礎 Office 2021／Microsoft 365対応（FPT2204）」
・「よくわかる Microsoft Word 2021&Microsoft Excel 2021 Office 2021／Microsoft 365対応（FPT2209）」
・「よくわかる Microsoft Word 2021&Microsoft Excel 2021&Microsoft PowerPoint 2021 Office 2021／Microsoft 365対応（FPT2208）」

※教材に載っていない機能については、「学習ガイド」で機能や操作方法を記載しているので参照してください。「学習ガイド」については、前のページの「学習ガイドのご提供について」をご確認ください。

さらに、WordとExcelを組み合わせて使用する「**Word・Excel連携編**」の問題も用意しています。WordとExcelのそれぞれの特長をいかすことで、様々なシーンに役立てることができます。

本書に記載されている操作方法は、2023年7月現在の次の環境で動作確認をしております。
・Windows 11（バージョン22H2　ビルド22621.1992）
・Microsoft Office Professional 2021
　Word 2021（バージョン2306　ビルド16.0.16529.20164）
　Excel 2021（バージョン2306　ビルド16.0.16529.20164）
・Microsoft 365のWordおよびExcel（バージョン2307　ビルド16.0.16626.20068）
本書発行後のWindowsやOfficeのアップデートによって機能が更新された場合には、本書の記載のとおりに操作できなくなる可能性があります。あらかじめご了承のうえ、ご購入・ご利用ください。

2023年9月10日
FOM出版

◆Microsoft、Excel、Meiryo、Microsoft 365、OneDrive、PowerPoint、Windowsは、マイクロソフトグループの企業の商標です。
◆QRコードは、株式会社デンソーウェーブの登録商標です。
◆その他、記載されている会社および製品などの名称は、各社の登録商標または商標です。
◆本文中では、TMや®は省略しています。
◆本文中のスクリーンショットは、マイクロソフトの許諾を得て使用しています。
◆本文およびデータファイルで題材として使用している個人名、団体名、商品名、ロゴ、連絡先、メールアドレス、場所、出来事などは、すべて架空のものです。実在するものとは一切関係ありません。
◆本書に掲載されているホームページやサービスは、2023年7月現在のもので、予告なく変更される可能性があります。

目次

標準解答は、FOM出版のホームページで提供しています。表紙裏の「標準解答のご提供について」を参照してください。

本書をご利用いただく前に

本書で学習を進める前に、ご一読ください。

1 本書の記述について

操作の説明のために使用している記号には、次のような意味があります。

記述	意味	例
⬚	キーボード上のキーを示します。	Ctrl Enter
⬚ + ⬚	複数のキーを押す操作を示します。	Ctrl + Enter （Ctrl を押しながら Enter を押す）
《　》	ダイアログボックス名やタブ名、項目名など画面の表示を示します。	《OK》をクリック 《ファイル》タブを選択
「　」	重要な語句や機能名、画面の表示、入力する文字などを示します。	「前面」に設定 「拝啓」と入力

OPEN
フォルダー「XX編」
W LessonXX

学習の前に開くフォルダー名・ファイル名

標準解答

標準解答を表示するQRコード

学習ガイド

学習ガイドを表示するQRコード

※　補足的な内容や注意すべき内容

(HINT)　問題を解くためのヒント

POINT　知っておくと役立つ知識やスキルアップのポイント

2 製品名の記載について

本書では、次の名称を使用しています。

正式名称	本書で使用している名称
Windows 11	Windows 11 または Windows
Microsoft Word 2021	Word 2021 または Word
Microsoft Excel 2021	Excel 2021 または Excel

3 | 本書の見方について

本書は、Lessonの問題を繰り返し解きながら基本操作をマスターし、スキルアップを図ることができる問題集です。

Lessonごとにすぐ参照できる標準解答を用意しているほか、問題を解くためのヒントや学習ガイドも用意しているので、手軽に手掛かりを得ながら学習できます。

❶ 使用するファイル名　❷ 標準解答　❸ 完成図　❹ 学習ガイド　❺ 注釈　❻ ヒント

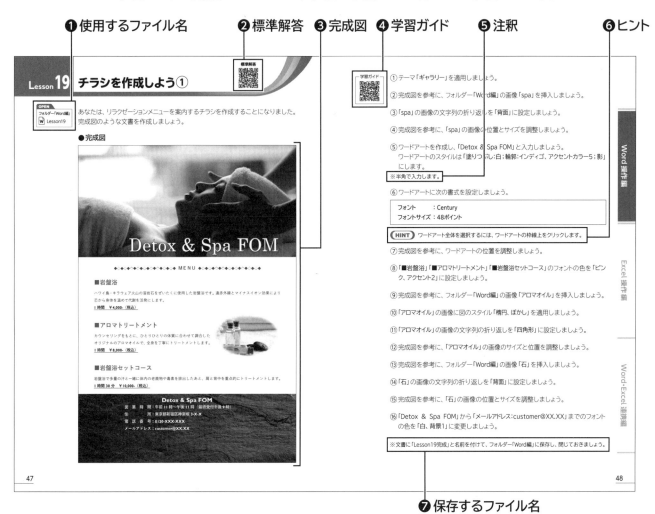

❼ 保存するファイル名

❶ 使用するファイル名
学習の前に開くフォルダー名とファイル名を記載しています。

❷ 標準解答
標準解答を表示するQRコードを記載しています。
標準解答は、FOM出版のホームページで提供しています。
※インターネットに接続できる環境が必要です。

❸ 完成図
Lessonで作成する文書やブックの完成図です。

❹ 学習ガイド
Lessonに取り組む際の参考になる機能解説を表示するQRコードを記載しています。
学習ガイドは、FOM出版のホームページで提供しています。
※インターネットに接続できる環境が必要です。

❺ 注釈
補足的な内容や、注意すべき内容を記載しています。

❻ ヒント
問題を解くためのヒントを記載しています。

❼ 保存するファイル名
作成した文書やブックを保存する際に付けるファイル名を記載しています。

Word 操作編

Excel 操作編

Word・Excel 連携編

2

4 学習環境について

本書を学習するには、次のソフトが必要です。
また、インターネットに接続できる環境で学習することを前提にしています。

> Word 2021 または　Microsoft 365のWord
> Excel 2021 または　Microsoft 365のExcel

◆本書の開発環境

本書を開発した環境は、次のとおりです。

OS	Windows 11 Pro（バージョン22H2　ビルド22621.1992）
アプリ	Microsoft Office Professional 2021 Word 2021（バージョン2306　ビルド16.0.16529.20164） Excel 2021（バージョン2306　ビルド16.0.16529.20164）
ディスプレイの解像度	1280×768ピクセル
その他	・WindowsにMicrosoftアカウントでサインインし、インターネットに接続した状態 ・OneDriveと同期していない状態

※本書は、2023年7月時点のWord 2021・Excel 2021またはMicrosoft 365のWord・Excelに基づいて解説しています。
今後のアップデートによって機能が更新された場合には、本書の記載のとおりに操作できなくなる可能性があります。

POINT　OneDriveの設定

WindowsにMicrosoftアカウントでサインインすると、同期が開始され、パソコンに保存したファイルがOneDriveに自動的に保存されます。初期の設定では、デスクトップ、ドキュメント、ピクチャの3つのフォルダーがOneDriveと同期するように設定されています。
本書はOneDriveと同期していない状態で操作しています。
OneDriveと同期している場合は、一時的に同期を停止すると、本書の記載と同じ手順で学習できます。
OneDriveとの同期を一時停止および再開する方法は、次のとおりです。

一時停止

◆通知領域の ☁ (OneDrive) → ⚙ (ヘルプと設定) →《同期の一時停止》→停止する時間を選択
※時間が経過すると自動的に同期が開始されます。

再開

◆通知領域の ☁ (OneDrive) → ⚙ (ヘルプと設定) →《同期の再開》

---

5 学習時の注意事項について

お使いの環境によっては、次のような内容について本書の記載と異なる場合があります。
ご確認のうえ、学習を進めてください。

◆ボタンの形状

本書に掲載しているボタンは、ディスプレイの解像度を「**1280×768ピクセル**」、ウィンドウを最大化した環境を基準にしています。
ディスプレイの解像度やウィンドウのサイズなど、お使いの環境によっては、ボタンの形状やサイズ、位置が異なる場合があります。
ボタンの操作は、ポップヒントに表示されるボタン名を参考に操作してください。

例

ボタン名	ディスプレイの解像度が低い場合／ウィンドウのサイズが小さい場合	ディスプレイの解像度が高い場合／ウィンドウのサイズが大きい場合
切り取り	✂	✂ 切り取り
セルを結合して中央揃え	▦ ▾	▦ セルを結合して中央揃え ▾

> **POINT** 🖊 **ディスプレイの解像度の設定**
>
> ディスプレイの解像度を本書と同様に設定する方法は、次のとおりです。
> ◆デスクトップの空き領域を右クリック→《ディスプレイ設定》→《ディスプレイの解像度》の ▾ →《1280×768》
> ※メッセージが表示される場合は、《変更の維持》をクリックします。

◆Officeの種類に伴う注意事項

Microsoftが提供するOfficeには「ボリュームライセンス(LTSC)版」「プレインストール版」「POSAカード版」「ダウンロード版」「Microsoft 365」などがあり、画面やコマンドが異なることがあります。

本書はダウンロード版をもとに開発しています。ほかの種類のOfficeで操作する場合は、ポップヒントに表示されるボタン名を参考に操作してください。

◆アップデートに伴う注意事項

WindowsやOfficeは、アップデートによって不具合が修正され、機能が向上する仕様となっています。そのため、アップデート後に、コマンドやスタイル、色などの名称が変更される場合があります。

本書に記載されているコマンドやスタイルなどの名称が表示されない場合は、任意の項目を選択してください。

※本書の最新情報については、P.7に記載されているFOM出版のホームページにアクセスして確認してください。

> **POINT** 🖊 **お使いの環境のバージョン・ビルド番号を確認する**
>
> WindowsやOfficeはアップデートにより、バージョンやビルド番号が変わります。
> お使いの環境のバージョン・ビルド番号を確認する方法は、次のとおりです。
>
> Windows 11
> ◆ ⊞ (スタート) →《設定》→《システム》→《バージョン情報》
>
> Office 2021
> ◆《ファイル》タブ→《アカウント》→《(アプリ名)のバージョン情報》
> ※お使いの環境によっては、《アカウント》が表示されていない場合があります。その場合は、《その他》→《アカウント》をクリックします。

◆Wordの設定

Wordでは、全角空白(□)や段落記号(↵)などの編集記号を表示しておくと、操作しやすくなります。

編集記号の表示・非表示を切り替える方法は、次のとおりです。

①Wordを起動し、新しい文書を作成しておきます。

②《ホーム》タブを選択します。

③《段落》グループの ↵ (編集記号の表示/非表示)をクリックします。
※ボタンがオンの状態(濃い灰色)になります。

6 学習ファイルについて

本書で使用する学習ファイルは、FOM出版のホームページで提供しています。ダウンロードしてご利用ください。

ホームページアドレス

https://www.fom.fujitsu.com/goods/

※アドレスを入力するとき、間違いがないか確認してください。

ホームページ検索用キーワード

FOM出版

◆ダウンロード

学習ファイルをダウンロードする方法は、次のとおりです。

① ブラウザーを起動し、FOM出版のホームページを表示します。
※アドレスを直接入力するか、キーワードでホームページを検索します。

②《ダウンロード》をクリックします。

③《アプリケーション》の《Office全般》をクリックします。

④《Word 2021&Excel 2021スキルアップ問題集　操作マスター編　FPT2312》をクリックします。

⑤《書籍学習用ファイル》の「fpt2312.zip」をクリックします。

⑥ ダウンロードが完了したら、ブラウザーを終了します。
※ダウンロードしたファイルは、パソコン内のフォルダー「ダウンロード」に保存されます。

◆ダウンロードしたファイルの解凍

ダウンロードしたファイルは圧縮されているので、解凍（展開）します。
ダウンロードしたファイル「fpt2312.zip」を《ドキュメント》に解凍する方法は、次のとおりです。

① デスクトップ画面を表示します。

② タスクバーの ■ （エクスプローラー）をクリックします。

③ 左側の一覧から《ダウンロード》をクリックします。

④ ファイル「fpt2312」を右クリックします。

⑤《すべて展開》をクリックします。

⑥《参照》をクリックします。

⑦ 左側の一覧から《ドキュメント》をクリックします。

⑧《フォルダーの選択》をクリックします。

⑨《ファイルを下のフォルダーに展開する》が「C:¥Users¥（ユーザー名）¥Documents」に変更されます。

⑩《完了時に展開されたファイルを表示する》を ☑ にします。

⑪《展開》をクリックします。

⑫ ファイルが解凍され、《ドキュメント》が開かれます。

⑬ フォルダー「Word2021&Excel2021スキルアップ問題集 操作マスター編」が表示されていることを確認します。
※すべてのウィンドウを閉じておきましょう。

◆学習ファイルの一覧

フォルダー「Word2021&Excel2021スキルアップ問題集 操作マスター編」には、学習ファイルが入っています。タスクバーの ■ (エクスプローラー) →《ドキュメント》をクリックし、一覧からフォルダーを開いて確認してください。

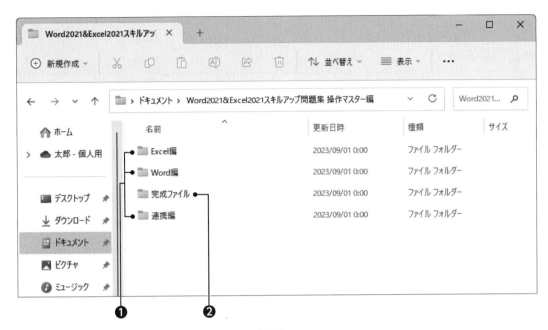

❶ フォルダー「Excel編」「Word編」「連携編」

Lessonで使用するファイルが収録されています。Lessonの指示にあわせて使います。

❷ フォルダー「完成ファイル」

Lessonで完成したファイルが収録されています。自分で作成したファイルが問題の指示どおりに仕上がっているか確認する際に使います。

◆学習ファイルの場所

本書では、学習ファイルの場所を《ドキュメント》内のフォルダー「Word2021&Excel2021スキルアップ問題集 操作マスター編」としています。《ドキュメント》以外の場所に解凍した場合は、フォルダーを読み替えてください。

◆学習ファイル利用時の注意事項

編集を有効にする

ダウンロードした学習ファイルを開く際、そのファイルが安全かどうかを確認するメッセージが表示される場合があります。学習ファイルは安全なので、《編集を有効にする》をクリックして、編集可能な状態にしてください。

自動保存をオフにする

学習ファイルをOneDriveと同期されているフォルダーに保存すると、初期の設定では自動保存がオンになり、一定の時間ごとにファイルが自動的に上書き保存されます。自動保存によって、元のファイルを上書きしたくない場合は、自動保存をオフにしてください。

7 標準解答・学習ガイド・Microsoft 365での操作方法の利用について

FOM出版のホームページで、本書の学習を助ける「**標準解答**」と「**学習ガイド**」を提供しています。また、Microsoft 365のアップデートによって機能が更新された場合は、操作方法をご案内いたします。

◆ご利用方法

 スマートフォン・タブレットで表示する

● **標準解答・学習ガイド**

スマートフォン・タブレットでLessonのページにあるQRコードを読み取ります。

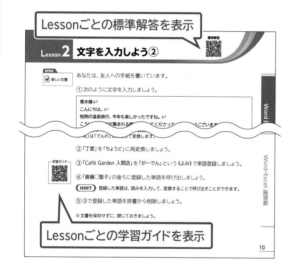

● **Microsoft 365での操作方法**

スマートフォン・タブレットで下のQRコードを読み取ります。

パソコンで表示する

❶ ブラウザーを起動し、次のホームページを表示します。

https://www.fom.fujitsu.com/goods/

※アドレスを入力するとき、間違いがないか確認してください。

❷ 《ダウンロード》を選択します。

❸ 《アプリケーション》の《Office全般》を選択します。

❹ 《Word 2021＆Excel 2021スキルアップ問題集 操作マスター編　FPT2312》を選択します。

掲載されているデータは、次のとおりです。

● **標準解答**　　fpt2312_kaitou.pdf

標準解答を1ファイルで確認できます。

● **学習ガイド**　　fpt2312_guide.pdf

学習ガイドを1ファイルで確認できます。

● **Lessonごとに標準解答・学習ガイドを見る**

一覧からLessonごとの標準解答・学習ガイドを確認できます。

● **Microsoft 365での操作方法**

Microsoft 365での操作方法に変更があった場合に、PDFファイルを提供します。

8 本書の最新情報について

本書に関する最新のQ＆A情報や訂正情報、重要なお知らせなどについては、FOM出版のホームページでご確認ください。

ホームページアドレス

https://www.fom.fujitsu.com/goods/

※アドレスを入力するとき、間違いがないか確認してください。

ホームページ検索用キーワード

FOM出版

Word 操作編

文字の入力、文書の作成、印刷、表の作成、画像の挿入など、
Wordの基本的な機能に関する練習問題です。
Lesson1〜25まで全25問を用意しています。

Lesson 1 文字を入力しよう①

標準解答

標準解答は、FOM出版のホームページで提供しています。P.7「7 標準解答・学習ガイド・Microsoft 365での操作方法の利用について」を参照してください。

OPEN
W 新しい文書

次のように文字を入力しましょう。
※英数字は半角で入力します。

① 広島へ牡蠣を食べに行った。

② スマートフォンのケースを10%OFFで購入した。
※英字の大文字は、[Shift]を押しながら入力します。

③ 利用時間は、AM10:00～PM4:30です。
※「～」は「から」と入力して変換します。

④ ☆Happy Birthday☆
※「☆」は「ほし」と入力して変換します。

⑤ 電話の「＊」ボタンに機能を割り当てている。
※「＊」は全角で入力します。

⑥ A＋B≧100
※「≧」は「けいさん」と入力して変換します。

⑦ 彼はニューヨークマラソンで42.195㌔を完走した。
※「㌔」は「きろ」と入力して変換します。

⑧ 〒370-0611　群馬県邑楽郡邑楽町鶉新田
※「〒」は「ゆうびん」と入力して変換します。
※住所は郵便番号を入力して変換します。

学習ガイド

⑨ 崙
※《IMEパッド》の手書きを使って入力します。

⑩ Microsoft® Word 2021

(HINT) 「®」は、《挿入》タブ→《記号と特殊文字》グループの [Ω 記号と特殊文字 ▾](記号の挿入)→《その他の記号》→《特殊文字》タブを使って入力します。

※文書を保存せずに、閉じておきましょう。

Lesson 2 文字を入力しよう②

 OPEN
W 新しい文書

あなたは、友人への手紙を書いています。

① 次のように文字を入力しましょう。

青木様↵
こんにちは。↵
恒例の温泉旅行、今年も楽しかったですね。↵
こうして同級生が集まれる機会を作ってくださって、ありがとうございます。↵
丁度陶器まつりの期間と重なって、皆様といろいろ見て回ることができて、良い思い出ができました。↵
ところで、あの時の絵付け体験のお皿が届きました。↵
せっかくですので、来週の水曜日にお渡し会を兼ねてお茶会をしませんか？↵
素敵なお庭のあるカフェを見つけました。住所と電話番号、ホームページのアドレスは次のとおりです。ホームページをご覧になってみてください。↵
お忙しいとは思いますが、お返事をお待ちしております。↵
Café␣Garden␣入間店↵
〒358-0003□埼玉県入間市豊岡XXXX↵
Tᴇʟ□04-2962-XXXX↵
営業時間□11:00～19:00↵
https://www.xx.xx/c-garden/↵
斎藤□聖子

※英数字は半角で入力します。
※↵で Enter を押して改行します。
※␣は半角の空白を表します。
※□は全角空白を表します。
※「Café」は「かふぇ」と入力して変換します。
※「Tᴇʟ」は「でんわ」と入力して変換します。

② 「丁度」を「ちょうど」に再変換しましょう。

 学習ガイド

③ 「Café Garden 入間店」を「がーでん」という《よみ》で単語登録しましょう。

④ 「斎藤□聖子」の後ろに登録した単語を呼び出しましょう。

(HINT) 登録した単語は、読みを入力して、変換することで呼び出すことができます。

⑤ ③で登録した単語を辞書から削除しましょう。

※文書を保存せずに、閉じておきましょう。

標準解答

Lesson 3　文字を入力しよう③

OPEN

　新しい文書

あなたは、日光旅行の記録を文書に残すことにしました。
完成図のような文書を作成しましょう。

●完成図

1 泊 2 日　　日光旅行

1 日目
令和 5 年 11 月 4 日（土）　天気：晴れ
大宮駅から東武鉄道に乗り、春日部駅で乗り換えて日光へ。日光を訪れるのは、高校の修学
旅行以来じつに 20 年ぶり！
東武日光駅に降り立つと、ところどころに雪が積もっていたが、この日は晴れていたせいも
あり、それほど寒くなかった。
日光に来たからには、まずは東照宮へ！　三猿の前では、目と耳と口を押さえるお決まりの
ポーズで記念撮影。
ひとしきり名所観光をしたあとは、露天風呂付きの旅館に宿泊。翌日に備えて 1 日目は早
く休むことにした。

2 日目
令和 5 年 11 月 5 日（日）　　天気：曇り
朝 7 時起床。とりあえず朝風呂に向かう。寝起きの体に温泉がなんとも心地よい。
お昼前には急カーブで有名ないろは坂を通って中禅寺湖へ。名物「徳川ラーメン」を食べ、
遊覧船や土産物屋を楽しんだ。
帰りはちょっと優雅に東武特急スペーシアに乗った。車内は静かで、シートもゆったり。快
適な旅の締めくくりとなった。

①次のように文字を入力しましょう。

　1泊2日□□日光旅行↵
↵
↵
　1日目↵
令和5年11月4日（土）□天気：晴れ↵
大宮駅から東武鉄道に乗り、春日部駅で乗り換えて日光へ。日光を訪れるのは、高校の修学旅行以来じつに20年ぶり！↵
東武日光駅に降り立つと、ところどころに雪が積もっていたが、この日は晴れていたせいもあり、それほど寒くなかった。↵
日光に来たからには、まずは東照宮へ！□三猿の前では、目と耳と口を押さえるお決まりのポーズで記念撮影。↵
ひとしきり名所観光をしたあとは、露天風呂付きの旅館に宿泊。翌日に備えて1日目は早く休むことにした。↵
↵
↵

※数字は半角で入力します。
※↵で Enter を押して改行します。
※□は全角空白を表します。

②文書に「Lesson3完成」と名前を付けて、フォルダー「Word編」に保存しましょう。

③文書「Lesson3完成」を閉じましょう。

④保存した文書「Lesson3完成」を開きましょう。

⑤次のように文字を入力しましょう。

　2日目↵
令和5年11月5日（日）□天気：曇り↵
朝7時起床。とりあえず朝風呂に向かう。寝起きの体に温泉がなんとも心地よい。↵
お昼前には急カーブで有名ないろは坂を通って中禅寺湖へ。名物「徳川ラーメン」を食べ、遊覧船や土産物屋を楽しんだ。↵
帰りはちょっと優雅に東武特急スペーシアに乗った。車内は静かで、シートもゆったり。快適な旅の締めくくりとなった。

---

⑥文書を上書き保存しましょう。

※文書「Lesson3完成」を閉じておきましょう。

OPEN

 新しい文書

あなたは、毎年行われる町内会の清掃活動についてお知らせを作成しています。完成図のような文書を作成しましょう。

●完成図

令和 5 年 12 月 1 日

各位

みどり町町内会

町内清掃活動のお知らせ

拝啓　平素より町内活動にご協力いただきありがとうございます。年の瀬を迎え、寒さが厳しくなってきましたが、皆様いかがお過ごしでしょうか。

　毎年恒例の清掃活動を下記のとおり開催いたします。皆様のご参加をお待ちしております。

敬具

記

1. 日　　時　：　令和 5 年 12 月 16 日（土）午前 9 時～午前 11 時
2. 集合場所　：　町内会公民館
3. 作業内容　：　当日、班長よりご説明します。
4. 持　　物　：　軍手、ほうきなど、清掃道具
5. 備　　考　：　雨天の場合は中止します。

以上

町内会長　内山雅人（TEL　080-XXXX-XXXX）

①次のようにページを設定しましょう。

用紙サイズ：A4
印刷の向き：縦

② 次のように文字を入力しましょう。

令和 5 年12月 1 日↵
各位↵
みどり町町内会↵
↵
町内清掃活動のお知らせ↵
↵
拝啓□平素より町内活動にご協力いただきありがとうございます。年の瀬を迎え、寒さが厳
しくなってきましたが、皆様いかがお過ごしでしょうか。↵
□毎年恒例の清掃活動を下記のとおり開催いたします。皆様のご参加をお待ちしておりま
す。↵
　　　　　　　　　　　　　　　　　　　　　　　　　　　　　　　　　　　　　　敬具↵
↵
↵
↵
　　　　　　　　　　　　　　　　　　　　記↵
日□□時□：□令和 5 年12月16日(土)午前 9 時〜午前11時↵
集合場所□：□町内会公民館↵
作業内容□：□当日、班長よりご説明します。↵
持□□物□：□軍手、ほうきなど、清掃道具↵
備□□考□：□雨天の場合は中止します。↵
　　　　　　　　　　　　　　　　　　　　　　　　　　　　　　　　　　　　　　以上↵
↵
↵
町内会長□内山雅人 (TEL□080-XXXX-XXXX)

※英数字は半角で入力します。
※↵で Enter を押して改行します。
※□は全角空白を表します。
※「拝啓」と入力して改行すると、2行下に「敬具」が右揃えで挿入されます。
※「記」と入力して改行すると、自動的に中央揃えが設定され、2行下に「以上」が右揃えで挿入
　されます。

③ 発信日付「令和5年12月1日」と発信者名「みどり町町内会」「町内会長　内山雅人
　　(TEL　080-XXXX-XXXX)」を右揃えにしましょう。

④ タイトル「町内清掃活動のお知らせ」に次の書式を設定しましょう。

フォント　　　：MSゴシック
フォントサイズ：24ポイント
中央揃え

⑤「日　　　時…」から「備　　　考…」までの行に4文字分の左インデントと「1.2.3.」
　　の段落番号を設定しましょう。

⑥ 印刷イメージを確認し、1ページの行数を24行に設定しましょう。
　　次に、文書を1部印刷しましょう。

※文書に「Lesson4完成」と名前を付けて、フォルダー「Word編」に保存し、閉じておきましょう。

お知らせ文書を作成しよう②

あなたは、自治会の事務局として、2024年度の総会の開催のお知らせと欠席者用の委任状を作成しています。
完成図のような文書を作成しましょう。

●完成図

2024 年 3 月吉日

藤が丘町自治会会員各位

藤が丘町自治会

2024 年度総会の開催について

拝啓　早春の候、ますますご健勝のこととお慶び申し上げます。平素は自治会運営に格別のご尽力を賜り、厚く御礼申し上げます。

　さて、2024 年度の総会を下記のとおり開催いたします。ご多用とは存じますが、万障お繰り合わせのうえ、ご出席くださいますようお願い申し上げます。

　なお、ご都合がつかず欠席される場合は、委任状を 3 月 25 日（月）までに事務局までご提出ください。

敬具

記

日時　2024 年 4 月 6 日（土）　午後 6 時 30 分～
場所　藤が丘町公民館　A ホール
議題　①2024 年度年間事業計画案
　　　②2024 年度予算案
　　　③新旧役員の引き継ぎ

以上

担　当：事務局　草刈
連絡先：090-XXXX-XXXX

（以下を切り取ってご提出ください）

委任状

年　　月　　日

藤が丘町自治会事務局　行き

都合により、2024 年度総会を欠席いたします。
つきましては、総会における議事、議案にかかる一切の権限を（　　　　　）に委任いたします。

　　住所：

　　氏名：

① 次のようにページを設定しましょう。

```
用紙サイズ ：A4
印刷の向き ：縦
余白　　　：上下　20mm　　　左右　25mm
```

② 次のように文字を入力しましょう。

2024年3月吉日↵
藤が丘町自治会会員各位↵
藤が丘町自治会↵
↵
2024年度総会の開催について↵
↵
拝啓□早春の候、ますますご健勝のこととお慶び申し上げます。平素は自治会運営に格別のご尽
力を賜り、厚く御礼申し上げます。↵
□さて、2024年度の総会を下記のとおり開催いたします。ご多用とは存じますが、万障お繰り合
わせのうえ、ご出席くださいますようお願い申し上げます。↵
□なお、ご都合がつかず欠席される場合は、委任状を3月25日(月)までに事務局までご提出く
ださい。↵
敬具↵
↵
記↵
↵
日時□2024年4月6日(土)□午後6時30分～↵
場所□藤が丘町公民館□Aホール↵
議題□①2024年度年間事業計画案↵
②2024年度予算案↵
③新旧役員の引き継ぎ↵
↵
以上↵
↵
担□当：事務局□草刈↵
連絡先：090-XXXX-XXXX↵
↵
(以下を切り取ってご提出ください)↵
↵
委任状↵
年□□月□□日↵
藤が丘町自治会事務局□行き↵
↵
都合により、2024年度総会を欠席いたします。↵
つきましては、総会における議事、議案にかかる一切の権限を(□□□□□)に委任いたします。↵
↵
住所：↵
氏名：

※数字は半角で入力します。
※↵で「Enter」を押して改行します。
※□は全角空白を表します。
※「拝啓」と入力して改行すると、2行下に「敬具」が右揃えで挿入されます。
※「記」と入力して改行すると、自動的に中央揃えが設定され、2行下に「以上」が右揃えで挿入
　されます。
※「①」は「1」、「②」は「2」、「③」は「3」とそれぞれ入力して変換します。

③発信日付「2024年3月吉日」と発信者名「藤が丘町自治会」を右揃えにしましょう。

④タイトル「2024年度総会の開催について」に次の書式を設定しましょう。

> **フォントサイズ：14ポイント**
> **太字**
> **下線**
> **中央揃え**

⑤「日時…」から「議題…」までの行に10文字分の左インデントを設定しましょう。

⑥完成図を参考に、「②2024年度予算案」と「③新旧役員の引き継ぎ」の行の左インデントを調整しましょう。

⑦完成図を参考に、「担　当:事務局　草刈」と「連絡先:090-XXXX-XXXX」の行の左インデントを調整しましょう。

⑧「(以下を切り取ってご提出ください)」を中央揃えにしましょう。
また、「年　　月　　日」を右揃えにしましょう。

⑨「(以下を切り取ってご提出ください)」の下の行に水平線を挿入しましょう。

⑩「委任状」に次の書式を設定しましょう。

> **フォントサイズ：14ポイント**
> **中央揃え**

⑪完成図を参考に、「住所:」と「氏名:」の行の左インデントを調整しましょう。

※文書に「Lesson5完成」と名前を付けて、フォルダー「Word編」に保存し、閉じておきましょう。

Lesson 6　お知らせ文書を作成しよう③

OPEN
フォルダー「Word編」
W Lesson6

あなたはマンションの消防設備法定点検・消火避難訓練を実施するにあたり、お知らせを作成しています。
完成図のような文書を作成しましょう。

●完成図

令和 5 年 10 月 2 日

高野第一ビル入居者各位

消防設備法定点検・消火避難訓練のお知らせ

拝啓　平素は格別のご高配を賜り、厚く御礼申し上げます。
　この度、消防法 17 条の 3 の 3 に基づき消防設備法定点検ならびに消火避難訓練を実施します。入居者の皆様の安全に必要な設備点検です。何かとご迷惑をおかけしますが、ご理解・ご協力を賜りますよう、お願い申し上げます。

敬具

記

●消防設備法定点検

点検日時	令和 5 年 10 月 20 日 （金） 13：30～14：30
点検箇所	各階共用部分
注意事項	点検中は非常ベルが鳴動しますが、火災ではありません。

●消火避難訓練

訓練日時	令和 5 年 10 月 20 日 （金） 14：30～15：00
集合場所	高野第一ビル　駐車場
訓練詳細	消火器の取り扱い説明など

以上

①「●消防設備法定点検」の下の行に、3行2列の表を作成し、次のように文字を入力しましょう。

点検日時	令和5年10月20日（金）↵ 13:30〜14:30
点検箇所	各階共用部分
注意事項	点検中は非常ベルが鳴動しますが、火災ではありません。

※数字は半角で入力します。
※↵で Enter を押して改行します。

②表の列の幅をセル内の文字の長さに合わせて、自動調整しましょう。

③表全体を行の中央に配置しましょう。

④表の1列目に「青、アクセント1、白+基本色80%」の塗りつぶしを設定し、文字をセル内で中央揃えにしましょう。

⑤表の「令和5年10月20日（金）…」のセルのフォントサイズを14ポイントに設定しましょう。

⑥表をコピーして、「●消火避難訓練」の下の行に貼り付けましょう。
表内の文字を次のように変更しましょう。

訓練日時	令和5年10月20日（金）↵ 14:30〜15:00
集合場所	高野第一ビル□駐車場
訓練詳細	消火器の取り扱い説明など

※□は全角空白を表します。

※文書に「Lesson6完成」と名前を付けて、フォルダー「Word編」に保存し、閉じておきましょう。

OPEN
W 新しい文書

あなたは、取引先に送付する新商品発表会の案内状を作成しています。
完成図のような文書を作成しましょう。

● **完成図**

令和 5 年 11 月 2 日

お取引先　各位

オオヤマフーズ株式会社

代表取締役　吉田　恵子

新商品発表会のご案内

拝啓　晩秋の候、貴社ますますご盛栄のこととお慶び申し上げます。平素は格別のお引き立てをいただき、厚く御礼申し上げます。

　さて、弊社では「無添加」「無農薬」の素材にこだわり、カロリーダウンを徹底追求した冷凍食品シリーズ「ヘルシーおかず」をこのほど発売することとなりました。

　つきましては、新商品の発表会を下記のとおり開催いたしますので、ぜひご出席賜りますようお願い申し上げます。

　ご多忙とは存じますが、皆様のご来場をお待ち申し上げております。

敬具

記

1.　開　催　日：令和 5 年 11 月 20 日（月）

2.　時　　　間：午前 11 時 30 分～午後 3 時

3.　会　　　場：ゴールデン雅ホテル　2 階　鶴の間

4.　お問合せ先：03-XXXX-XXXX（オオヤマフーズ株式会社広報部　直通）

以上

Word 操作編

Excel 操作編

Word・Excel 連携編

① 次のようにページを設定しましょう。

用紙サイズ	：A4
印刷の向き	：縦
1ページの行数	：26行

② 次のように文字を入力しましょう。

HINT あいさつ文の入力は、《挿入》タブ→《テキスト》グループの ▣（あいさつ文の挿入）を使うと効率的です。

令和 5 年11月 2 日↵
お取引先□各位↵
オオヤマフーズ株式会社↵
代表取締役□吉田□恵子↵
↵
新商品発表会のご案内↵
↵
拝啓□晩秋の候、貴社ますますご盛栄のこととお慶び申し上げます。平素は格別のお引き立てをいただき、厚く御礼申し上げます。↵
□さて、弊社では「無添加」「無農薬」の素材にこだわり、カロリーダウンを徹底追求した冷凍食品シリーズ「ヘルシーおかず」をこのほど発売することとなりました。↵
□つきましては、新商品の発表会を下記のとおり開催いたしますので、ぜひご出席賜りますようお願い申し上げます。↵
□ご多忙とは存じますが、ご来場をお待ち申し上げております。↵
敬具↵

↵
記↵
↵
開催日：令和 5 年11月20日（月）↵
時間：午前11時30分～午後 3 時↵
会場：ゴールデン雅ホテル□ 2 階□鶴の間↵
お問合せ先：03-XXXX-XXXX（広報部□直通）↵
↵
以上↵

※英数字は半角で入力します。
※↵で Enter を押して改行します。
※□は全角空白を表します。
※「拝啓」と入力して改行すると、2行下に「敬具」が右揃えで挿入されます。
※「記」と入力して改行すると、自動的に中央揃えが設定され、2行下に「以上」が右揃えで挿入されます。

③発信日付「令和5年11月2日」と発信者名「オオヤマフーズ株式会社」「代表取締
役　吉田　恵子」を右揃えにしましょう。

④タイトル「新商品発表会のご案内」に次の書式を設定しましょう。

フォント　　　　：游ゴシック フォントサイズ：16ポイント 太字 二重下線 中央揃え

⑤「ご多忙とは存じますが、」の後ろに「皆様の」を挿入しましょう。

⑥発信者名の「オオヤマフーズ株式会社」を記書きの「広報部　直通」の前にコピー
しましょう。

⑦「開催日…」から「お問合せ先…」までの行に3文字分の左インデントを設定しま
しょう。

⑧「開催日」「時間」「会場」を5文字分の幅に均等に割り付けましょう。

⑨「開催日…」から「お問合せ先…」までの行に「1.2.3.」の段落番号を設定しま
しょう。

⑩印刷イメージを確認し、1部印刷しましょう。

※文書に「Lesson7完成」と名前を付けて、フォルダー「Word編」に保存し、閉じておきましょう。

OPEN

W 新しい文書

あなたは、横浜支店の移転にあたり、取引先に送付する移転のお知らせを作成しています。
完成図のような文書を作成しましょう。

●完成図

令和 5 年 9 月吉日

ミフネ機器サービス販売株式会社

　代表取締役　三船　啓吾　様

FOM システムサポート株式会社

　代表取締役　井本　和也

横浜支店移転のお知らせ

拝啓　初秋の候、貴社ますますご繁栄のこととお慶び申し上げます。平素は格別のお引き立てを賜り、ありがたく厚く御礼申し上げます。

　さて、このたび弊社横浜支店は、業務拡張に伴い、下記のとおり移転することになりましたので、お知らせいたします。

　なお、10 月 6 日（金）までは旧住所で平常どおり営業しております。

　移転を機に、社員一同、より一層業務に専心する所存でございますので、今後とも、引き続きご愛顧を賜りますようお願い申し上げます。

敬具

記

1. 移転日　　　令和 5 年 10 月 10 日（火）
2. 新住所　　　神奈川県横浜市中区本町 X-X
3. 新電話番号　045-XXX-XXXX（代表）

以上

①次のようにページを設定しましょう。

用紙サイズ	：A4
印刷の向き	：縦
1ページの行数	：28行

② 次のように文字を入力しましょう。

令和 5 年 9 月吉日←
ミフネ機器サービス販売株式会社←
□代表取締役□三船□啓吾□様←
ＦＯＭシステムサポート株式会社←
代表取締役□井本□和也←
←
横浜支店移転のお知らせ←
←
拝啓□初秋の候、貴社ますますご繁栄のこととお慶び申し上げます。平素は格別のお引き立てを賜り、ありがたく厚く御礼申し上げます。←
□さて、このたび弊社横浜支店は、業務拡張に伴い、下記のとおり移転することになりましたので、お知らせいたします。←
□なお、10 月 6 日（金）までは旧住所で平常どおり営業しております。←
□移転を機に、社員一同、より一層業務に専心する所存でございますので、今後とも、引き続きご愛顧を賜りますようお願い申し上げます。←
敬具←
←
記←
←
移転日□□□□令和 5 年10月10日（火）←
新住所□□□□神奈川県横浜市中区本町X-X←
新電話番号□□045-XXX-XXXX（代表）←
←
以上←

※英数字は半角で入力します。
※←で Enter を押して改行します。
※□は全角空白を表します。
※「拝啓」と入力して改行すると、2行下に「敬具」が右揃えで挿入されます。
※「記」と入力して改行すると、自動的に中央揃えが設定され、2行下に「以上」が右揃えで挿入されます。

③ 発信日付「令和5年9月吉日」と発信者名「FOMシステムサポート株式会社」「代表取締役　井本　和也」を右揃えにしましょう。

④ タイトル「横浜支店移転のお知らせ」に次の書式を設定しましょう。

フォント　　　：MSゴシック
フォントサイズ：16ポイント
太線の下線
中央揃え

⑤ 「移転日…」から「新電話番号…」までの行に10文字分の左インデントと「1.2.3.」の段落番号を設定しましょう。

※文書に「Lesson8完成」と名前を付けて、フォルダー「Word編」に保存し、閉じておきましょう。

OPEN
フォルダー「Word編」
W Lesson9

あなたは、冬期講習の受講生募集のため、冬期講習の情報をまとめた案内を作成しています。
完成図のような文書を作成しましょう。

●完成図

令和 5 年 11 月 1 日

塁生・保護者　各位

上進予備校

冬期講習のご案内

志望校合格に向けて、追い込みの時期となりました。

冬期講習では、本番の試験を意識しながら、点数に結び付く実戦力を養成することを目的に学習します。冬休みの限られた時間を有効に活用できるチャンスです。皆様の積極的なご参加をお待ちしております。

記

● 日　　　程：12 月 26 日（火）～12 月 30 日（土）、1 月 4 日（木）～1 月 8 日（月）
● 費　　　用：各コース 35,000 円（税込）
● 申込方法：受付窓口にて申込手続き
● 申込期限：12 月 1 日（金）17 時まで
● 講　　　座：

講座名	時間	講師名	教室
医学部コース	16：00～18：00	藤井　純一	N201
国立理系コース	10：00～12：00	岡本　洋子	N301
国立文系コース	10：00～12：00	沢田　啓太	S302
私立理系コース	13：00～15：00	大塚　俊也	N501
私立文系コース	13：00～15：00	島田　直子	S502

以上

①「●講　　座:」の下の行に5行4列の表を作成しましょう。

②次のように表に文字を入力しましょう。

講座名	時間	講師名	教室
医学部コース	16:00～18:00	藤井□純一	N201
国立文系コース	10:00～12:00	沢田□啓太	S302
私立理系コース	13:00～15:00	大塚□俊也	N501
私立文系コース	13:00～15:00	島田□直子	S502

※英数字は半角で入力します。
※□は全角空白を表します。

③「医学部コース」と「国立文系コース」の間に1行挿入しましょう。

④挿入した行に次のように入力しましょう。

国立理系コース	10:00～12:00	岡本□洋子	N301

⑤表にスタイル「グリッド (表) 4-アクセント1」を適用しましょう。

⑥表の4列目の列の幅をセル内の文字の長さに合わせて、自動調整しましょう。

⑦表内のすべての文字をセル内で中央揃えにしましょう。

⑧完成図を参考に、表のサイズを縦方向に拡大しましょう。

⑨表全体を行の中央に配置しましょう。

※文書に「Lesson9完成」と名前を付けて、フォルダー「Word編」に保存し、閉じておきましょう。

Excel 操作編

Word・Excel 連携編

標準解答

OPEN
フォルダー「Word編」
W Lesson10

あなたは、社内に導入する経費精算システムについて説明会を実施し、円滑に運用を始められるようにしたいと考えています。
完成図のような文書を作成しましょう。

● 完成図

令和 5 年 10 月 5 日

社員各位

総務部

経費精算システム「FOM-KSS」説明会

このたび、経費精算システム「FOM-KSS」の導入に伴い、下記のとおり、説明会を実施いたします。各自、業務のスケジュールを調整のうえ

記

1. 日　程　10 月 23 日（月）～10 月 27 日（
2. 時　間　午後 1 時～午後 2 時（1 時間）
3. 会　場　本社ビシステムル　5 階　第 1 会
4. 内　容　経費精算システム「FOM-KSS」
　　　　　　社内利用における変更点
5. 申込方法　*部署*ごとに申込書を記入し、総務
　　　　　　メールアドレス：jinzai@xx.xx
6. その他　定員を超過した場合、日程の変更

（説明会申込書）

部署名：
担　当：

社員 ID	氏名	メールアドレス	参加希望日

①「日　　程」「時　　間」「会　　場」「内　　容」「申込方法」「その他」の文字に次の書式を設定しましょう。

太字
下線

(HINT) 文字をまとめて選択して、書式を設定すると効率的です。複数の範囲をまとめて選択するには、2つ目以降の範囲を [Ctrl] を押しながら選択します。

②「部署ごと」に次の書式を設定しましょう。

斜体
傍点(・)

(HINT) 傍点を設定するには、《フォント》ダイアログボックスの《フォント》タブを使います。

③「日　　程…」「時　　間…」「会　　場…」「内　　容…」「申込方法…」「その他…」の行に「1.2.3.」の段落番号を設定しましょう。

④完成図を参考に、「社内利用における変更点」「メールアドレス：…」の行の左インデントを調整しましょう。

⑤「(説明会申込書)」の行が2ページ目の先頭になるように、改ページを挿入しましょう。

(HINT) 2ページ目に移動する文字の前にカーソルを移動し、[Ctrl]＋[Enter]を押すと、改ページされます。

⑥2ページ目の「担　　当:」の下の行に26行4列の表を作成しましょう。

(HINT) 9行以上または11列以上の表を作成するには、《挿入》タブ→《表》グループの (表の追加)→《表の挿入》を使います。

⑦表の1行目に次のように入力しましょう。

社員ID	氏名	メールアドレス	参加希望日

※英字は半角で入力します。

⑧完成図を参考に、表の列の幅を変更しましょう。

⑨表の1行目の文字をセル内で中央揃えにしましょう。

⑩表の1行目に「緑、アクセント6、白+基本色40%」の塗りつぶしを設定しましょう。

※文書に「Lesson10完成」と名前を付けて、フォルダー「Word編」に保存し、閉じておきましょう。

OPEN
フォルダー「Word編」
W Lesson11

あなたは、スポーツクラブの入会申込書を作成しています。
完成図のような文書を作成しましょう。

●完成図

年　　月　　日

ひまわりスポーツクラブ入会申込書

●入会コース

会員種別	レギュラー ・ プール ・ スタジオ ・ ゴルフ ・ テニス
コース種別	フルタイム ・ 午前 ・ 午後 ・ ナイト ・ ホリデイ

※丸印を付けてください。

●会員情報

お名前	印
フリガナ	
生年月日	年　　　　月　　　　日
ご住所	〒
電話番号	
緊急連絡先	
メールアドレス	
ご職業	
備考	

【弊社記入欄】

受付日	
受付担当	

① タイトル「ひまわりスポーツクラブ入会申込書」に次の書式を設定しましょう。

フォント	：Meiryo UI
フォントサイズ	：18ポイント
フォントの色	：オレンジ、アクセント2、黒＋基本色25%
太字	
二重下線	
中央揃え	

② 完成図を参考に、「●入会コース」の下の行に、2行2列の表を作成し、次のように文字を入力しましょう。

会員種別	レギュラー□・□プール□・□スタジオ□・□ゴルフ□・□テニス
コース種別	フルタイム□・□午前□・□午後□・□ナイト□・□ホリデイ

※□は全角空白を表します。

③ 完成図を参考に、「●入会コース」の表の列の幅を変更しましょう。

④「●入会コース」の表の1列目に「オレンジ、アクセント2、白+基本色40%」の塗りつぶしを設定しましょう。

⑤「●会員情報」の表の「電話番号」の行と「メールアドレス」の行の間に、1行挿入しましょう。
また、挿入した行の1列目に「緊急連絡先」と入力しましょう。

⑥ 完成図を参考に、「●会員情報」の表のサイズを変更しましょう。
また、「ご住所」と「備考」の行の高さを高くしましょう。

⑦ 完成図を参考に、「●会員情報」の表内の文字の配置を調整しましょう。

⑧「【弊社記入欄】」の表の3～5列目を削除しましょう。

⑨「【弊社記入欄】」の表全体を行の右端に配置しましょう。

⑩ 完成図を参考に、「【弊社記入欄】」の文字と表の開始位置がそろうように、「【弊社記入欄】」の行の左インデントを調整しましょう。

※文書に「Lesson11完成」と名前を付けて、フォルダー「Word編」に保存し、閉じておきましょう。

Lesson 12　おしながきを作成しよう

OPEN
フォルダー「Word編」
W Lesson12

あなたは、食事会の記念に持ち帰れるようにおしながきを作成することにしました。
完成図のような文書を作成しましょう。

●完成図

おしながき

■　先　付
　自家製胡麻豆腐
　胡麻とくず粉とわらび粉で練り上げた自家製の胡麻豆腐です。

■　前　菜
　三点盛り
　きのこのサラダ、オクラの冷し鉢、焼き椎茸の豪華三点盛りです。

■　造　り
　襟裳の活魚盛り
　襟裳岬でとれた新鮮な甘海老、真鯛、帆立のお造りです。

■　吸い物
　鯛の吸い物
　真鯛の切り身を使った、うまみたっぷりの鯛のお吸い物です。

■　焼　物
　鮭の塩焼き
　あっさり塩味で鮭を焼き上げました。

■　揚　物
　旬の天婦羅
　旬の採れたて野菜をあつあつの天婦羅にしました。

■　御　飯
　松茸ごはん
　秋の香りを感じる松茸をふんだんに使ったごはんです。

■　水菓子
　季節の果物
　産地直送の巨峰を口どけのよいシャーベットにしました。

31

①次のようにページを設定しましょう。

文字方向	：縦書き
用紙サイズ	：B5
印刷の向き	：横
余白	：上下　20mm　　　左右　17mm

(HINT) 文字方向は、《レイアウト》タブ→《ページ設定》グループの🔲（ページ設定）→《文字数と行数》タブで設定します。

②文書の基本のフォントサイズを12ポイントに設定しましょう。

(HINT) 初期の設定では、入力する文字は10.5ポイントで表示されます。この基本のフォントサイズを変更するには、《レイアウト》タブ→《ページ設定》グループの🔲（ページ設定）→《文字数と行数》タブ→《フォントの設定》を使います。

③「おしながき」に次の書式を設定しましょう。

フォント	：MS明朝
フォントサイズ	：26ポイント
上下中央揃え	

(HINT) 縦書きの文字の配置を上下中央に変更するには、《ホーム》タブ→《段落》グループの🔲（上下中央揃え）を使います。

④完成図を参考に、料理名の行のフォントサイズを16ポイントに設定しましょう。

⑤完成図を参考に、「胡麻」に「ごま」、「襟裳」に「えりも」とふりがなを付けましょう。ふりがなのフォントサイズは7ポイントに設定します。

(HINT) 文字にふりがなを付けるには、《ホーム》タブ→《フォント》グループの🔲（ルビ）を使います。

⑥完成図を参考に、次のページ罫線を設定しましょう。

絵柄	：🪶🪶🪶🪶🪶
線の太さ	：18pt

※文書に「Lesson12完成」と名前を付けて、フォルダー「Word編」に保存し、閉じておきましょう。

標準解答

OPEN
新しい文書

あなたは、留学希望者向けの説明会会場を案内するために、昇降口や廊下などに掲示する看板を作成しています。
完成図のような文書を作成しましょう。

●完成図

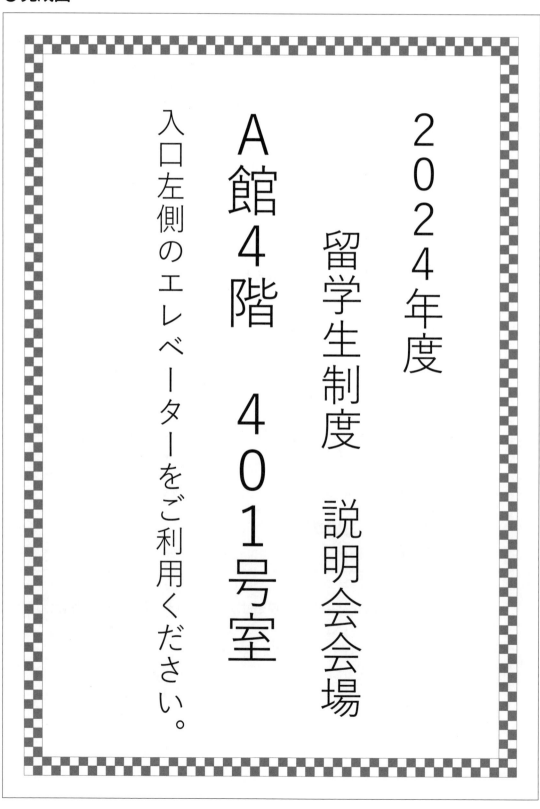

① 次のようにページを設定しましょう。

> 文字方向 ：縦書き
> 用紙サイズ：A4
> 印刷の向き：縦

② 文書の基本のフォントを、日本語用のフォントと英数字用のフォントとも「游ゴシック」に設定しましょう。

HINT 初期の設定では、入力する文字は「游明朝」で表示されます。この基本のフォントを変更するには、《レイアウト》タブ→《ページ設定》グループの□ （ページ設定）→《文字数と行数》タブ→《フォントの設定》を使います。

③ 次のように文字を入力しましょう。

> ２０２４年度↵
> 留学生制度□説明会会場↵
> Ａ館４階□４０１号室↵
> 入口左側のエレベーターをご利用ください。

※英数字は全角で入力します。
※↵で Enter を押して改行します。
※□は全角空白を表します。

④「２０２４年度」と「留学生制度　説明会会場」のフォントサイズを48ポイント、「Ａ館4階　401号室」のフォントサイズを60ポイント、「入口左側のエレベーターをご利用ください。」のフォントサイズを34ポイントに設定しましょう。

HINT フォントサイズの一覧にないフォントサイズを設定するには、 10.5 ▾ （フォントサイズ）のボックス内に直接入力します。

⑤「留学生制度　説明会会場」を行の下端に配置しましょう。

HINT 縦書きの文字の配置を下端に変更するには、《ホーム》タブ→《段落》グループの 🔲 （下揃え）を使います。

⑥ 完成図を参考に、次のページ罫線を設定しましょう。

> 絵柄 ：▨▨▨▨▨
> 色 ：緑、アクセント6
> 線の太さ：20pt

※文書に「Lesson13完成」と名前を付けて、フォルダー「Word編」に保存し、閉じておきましょう。

Lesson 14 便箋を作成しよう

 新しい文書

あなたは、友人への手紙を書くためにオリジナルの便箋を作成したいと考えています。
完成図のような文書を作成しましょう。

●完成図

① 次のようにページを設定しましょう。

> 用紙サイズ　：B5
> 印刷の向き　：縦
> 余白　　　　：上下　25mm　　　　左右　20mm

② ページの背景色を「ブルーグレー、テキスト2、白+基本色60%」に設定しましょう。

(HINT) ページの背景色を設定するには、《デザイン》タブ→《ページの背景》グループの (ページの色)を使います。

③ 20行1列の表を作成しましょう。

④ 完成図を参考に、表のサイズを変更しましょう。

⑤ 次のように表の罫線を設定しましょう。

> 罫線の太さ：0.25pt
> 罫線の色　：ブルーグレー、テキスト2

⑥ 表の左罫線と右罫線を削除しましょう。

(HINT) 罫線を削除するには、《テーブルデザイン》タブ→《飾り枠》グループの (罫線)の を使います。

⑦ 完成図を参考に、フォルダー「Word編」の画像「レース」を挿入しましょう。

⑧ 画像の文字列の折り返しを「背面」に設定しましょう。

⑨ 画像の色を「薄い灰色、背景色2淡色」に設定しましょう。

(HINT) 画像の色を設定するには、《図の形式》タブ→《調整》グループの (色)を使います。

⑩ 完成図を参考に、画像の位置とサイズを調整しましょう。

※文書に「Lesson14完成」と名前を付けて、フォルダー「Word編」に保存し、閉じておきましょう。

持ち物チェックリストを作成しよう

OPEN

フォルダー「Word編」

W Lesson15

あなたは、グループでの海外旅行にあたって、忘れ物をする人がいないように
チェックリストを作成して配布したいと考えています。
完成図のような文書を作成しましょう。

●完成図

海外旅行
持ち物チェックリスト

持ち物	チェック	持ち物	チェック
■貴重品		パジャマ	☐
パスポート	☐	水着	☐
航空券	☐	サングラス・めがね	☐
現金（日本円）	☐	携帯用スリッパ	☐
現金（現地通貨）	☐	■洗面	
トラベラーズチェック	☐	せっけん	☐
クレジットカード	☐	歯ブラシ・歯磨き粉	☐
証明用写真	☐	ひげそり	☐
■電気製品		化粧品	☐
カメラ／デジタルカメラ	☐	シャンプー・リンス	☐
フィルム／メモリーカード	☐	ドライヤー	☐
スマートフォン	☐	タオル	☐
時計	☐	ハンカチ／ハンドタオル	☐
変圧器／変換プラグ	☐	ポケットティッシュ	☐
充電器／充電ケーブル	☐	爪切り	☐
■バッグ		耳かき	☐
スーツケース	☐	洗剤	☐
スーツケースベルト	☐	■その他	
ネームタグ	☐	筆記用具	☐
手荷物用バッグ	☐	ガイドブック	☐
街歩き用バッグ	☐	薬類	☐
お土産用バッグ	☐	オペラグラス	☐
■衣類		ビニール袋	☐
下着	☐	雨具（折りたたみ傘／カッパなど）	☐
靴下	☐		☐
着替え	☐		☐
マフラー・手袋	☐		☐
帽子	☐		☐
靴	☐		☐

①表の右側に2列挿入し、次のように文字を入力しましょう。

持ち物	チェック
パジャマ	□
水着	□
サングラス・めがね	□
携帯用スリッパ	□
■洗面	
せっけん	□
歯ブラシ・歯磨き粉	□
ひげそり	□
化粧品	□
シャンプー・リンス	□
ドライヤー	□
タオル	□
ハンカチ／ハンドタオル	□
ポケットティッシュ	□
爪切り	□
耳かき	□
洗剤	□
■その他	
筆記用具	□
ガイドブック	□
薬類	□
オペラグラス	□
ビニール袋	□
雨具（折りたたみ傘／カッパなど）	□
	□
	□
	□
	□
	□

※「■」および「□」は、それぞれ「しかく」と入力して変換します。

②表の外側の罫線を「2.25pt」の線、2列目の右側の罫線を二重線に設定しましょう。

③次のように表の列の幅と行の高さを設定しましょう。

列の幅 ： 1列目と3列目　67mm
　　　　　2列目と4列目　22mm
行の高さ： 2～30行目　7.5mm

HINT 表の列の幅や行の高さを数値で設定するには、《レイアウト》タブ→《セルのサイズ》グループの (列の幅の設定)や (行の高さの設定)を使います。

④表の1行目と2列目、4列目の文字をセル内で中央揃えにしましょう。

⑤表の1行目に「青、アクセント1、白+基本色40%」の塗りつぶしを設定しましょう。
また、「■貴重品」「■電気製品」「■バッグ」「■衣類」「■洗面」「■その他」のセルと右側の空白のセルに「オレンジ」の塗りつぶしを設定しましょう。

⑥表の1行目と「■貴重品」「■電気製品」「■バッグ」「■衣類」「■洗面」「■その他」のセルに次の書式を設定しましょう。

フォント：游ゴシック
太字

学習ガイド

⑦完成図を参考に、チェックリストのアイコンを挿入しましょう。

HINT チェックリストのアイコンは、「チェックリスト」と入力して検索します。
目的のアイコンがない場合は、任意のアイコンを挿入してください。

⑧アイコンの文字列の折り返しを「前面」に設定しましょう。

⑨完成図を参考に、アイコンの位置を調整しましょう。

⑩アイコンに「オレンジ、アクセント2」の塗りつぶしを設定しましょう。

※文書に「Lesson15完成」と名前を付けて、フォルダー「Word編」に保存し、閉じておきましょう。

Lesson 16 年賀状を作成しよう

標準解答

OPEN
W 新しい文書

あなたは、同僚や友人に送る年賀状を作成したいと考えています。
完成図のような文書を作成しましょう。

● 完成図

①次のようにページを設定しましょう。

用紙サイズ　：はがき
印刷の向き　：縦

②完成図を参考に、フォルダー「Word編」の画像「富士」を挿入しましょう。

③「富士」の画像の文字列の折り返しを「背面」に設定しましょう。

④完成図を参考に、「富士」の画像の位置とサイズを調整しましょう。

⑤テキストボックスを作成し、「謹賀新年」と入力しましょう。

HINT テキストボックスを作成するには、《挿入》タブ→《テキスト》グループの 🅰テキストボックス （テキストボックスの選択）を使います。
テキストボックスを使うと、ページ内の自由な位置に文字を配置できます。

⑥「謹賀新年」のテキストボックスに次の書式を設定しましょう。

図形の塗りつぶし：塗りつぶしなし
図形の枠線　　　：枠線なし
フォント　　　　：HGS行書体
フォントサイズ　：60ポイント
フォントの色　　：濃い赤

※フォントに「HGS行書体」がない場合は、任意のフォントを設定してください。

HINT テキストボックス全体を選択するには、テキストボックスの枠線上をクリックします。

⑦完成図を参考に、「謹賀新年」のテキストボックスの位置とサイズを調整しましょう。

⑧テキストボックスを3つ作成し、次のように文字を入力しましょう。

新しい年が素晴らしい一年になりますよう↵
皆様のご多幸を心よりお祈り申し上げます↵
本年もどうぞよろしくお願いいたします

令和六年□元旦

〒605-0066↵
京都府京都市東山区石橋町XX-X↵
富士□太郎・道子

※英数字は半角で入力します。
※↵で Enter を押して改行します。
※□は全角空白を表します。

⑨⑧で作成した3つのテキストボックスに次の書式を設定しましょう。

図形の塗りつぶし	：塗りつぶしなし
図形の枠線	：枠線なし
フォント	：HGP明朝E
フォントサイズ	：12ポイント

※フォントに「HGP明朝E」がない場合は、任意のフォントを設定してください。

(HINT) テキストボックスをまとめて選択して、書式を設定すると効率的です。
複数のテキストボックスを選択するには、2つ目以降のテキストボックスを[Shift]を
押しながら選択します。

⑩完成図を参考に、⑧で作成した3つのテキストボックスの位置とサイズを調整しましょう。

⑪テキストボックス内の「富士　太郎・道子」を右揃えにしましょう。

⑫完成図を参考に、フォルダー「Word編」の画像「コマ」を挿入しましょう。

⑬「コマ」の画像の文字列の折り返しを「前面」に設定しましょう。

⑭完成図を参考に、「コマ」の画像の位置を調整しましょう。

※文書に「Lesson16完成」と名前を付けて、フォルダー「Word編」に保存し、閉じておきましょう。

OPEN

W 新しい文書 あなたは、親しい人に送るクリスマスカードを作成したいと考えています。
完成図のような文書を作成しましょう。

●完成図

① 次のようにページを設定しましょう。

用紙サイズ：はがき **印刷の向き：横**

② フォルダー「Word編」の画像「クリスマスツリー」を挿入しましょう。

③ 画像の文字列の折り返しを「**背面**」に設定しましょう。

④ 完成図を参考に、画像の位置とサイズを調整しましょう。

⑤ テキストボックスを作成し、「M」と入力しましょう。
※半角で入力します。

⑥「M」のテキストボックスに次の書式を設定しましょう。

図形の塗りつぶし	：塗りつぶしなし
図形の枠線	：枠線なし
フォント	：Century
フォントサイズ	：28ポイント
フォントの色	：白、背景1

⑦完成図を参考に、「M」のテキストボックスの位置とサイズを調整しましょう。

⑧「M」のテキストボックスを13個コピーしましょう。

(HINT) テキストボックスをコピーするには、`Ctrl`を押しながらテキストボックスの枠線をドラッグします。

⑨コピーした13個のテキストボックスの文字を「E」「R」「R」「Y」「C」「H」「R」「I」「S」「T」「M」「A」「S」にそれぞれ修正し、完成図を参考に配置しましょう。

⑩テキストボックスに次の書式を設定しましょう。

●1文字目の「M」と10文字目の「S」

フォントサイズ：36ポイント

●2文字目の「E」と10文字目の「S」

フォントの色：濃い赤

⑪テキストボックスを作成し、次のように文字を入力しましょう。

思い出に残る素敵なクリスマスを過ごせますように

⑫「思い出に残る…」のテキストボックスに次の書式を設定しましょう。

図形の塗りつぶし	：塗りつぶしなし
図形の枠線	：枠線なし
フォントの色	：白、背景1

⑬完成図を参考に、「思い出に残る…」のテキストボックスの位置とサイズを調整しましょう。

※文書に「Lesson17完成」と名前を付けて、フォルダー「Word編」に保存し、閉じておきましょう。

スケジュール表を作成しよう

標準解答

OPEN
フォルダー「Word編」
W Lesson18

あなたは、12月のスケジュール表を作成して、家族で協力して作業できるように
しようと考えています。
完成図のような文書を作成しましょう。

●完成図

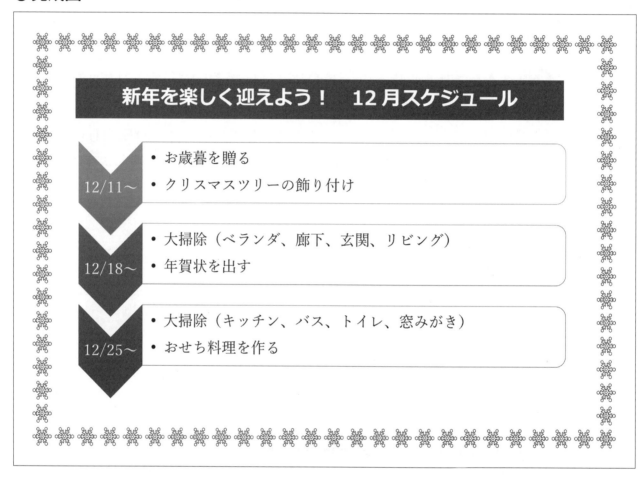

① 「新年を楽しく…」の行に次の書式を設定しましょう。

網かけ	：青、アクセント5、黒＋基本色25%
フォント	：メイリオ
フォントサイズ	：26ポイント
フォントの色	：白、背景1
太字	
中央揃え	

HINT 網かけを設定するには、《ホーム》タブ→《段落》グループの 🖽▾（罫線）の▾→《線
種とページ罫線と網かけの設定》→《網かけ》タブを使います。

②3行目に「縦方向プロセス」のSmartArtグラフィックを作成し、次のように文字を入力しましょう。

- ・12/11〜
  - ・お歳暮を贈る
  - ・クリスマスツリーの飾り付け
- ・12/18〜
  - ・大掃除（ベランダ、廊下、玄関、リビング）
  - ・年賀状を出す
- ・12/25〜
  - ・大掃除（キッチン、バス、トイレ、窓みがき）
  - ・おせち料理を作る

※数字と「/」は半角で入力します。

(HINT) SmartArtグラフィックを作成するには、《挿入》タブ→《図》グループの [SmartArt]（SmartArtグラフィックの挿入）を使います。
SmartArtグラフィックを使うと、箇条書きの文字を簡単に図解として表現できます。

③完成図を参考に、SmartArtグラフィックのサイズを変更しましょう。

④SmartArtグラフィックのフォントサイズを20ポイントに設定しましょう。

(HINT) SmartArtグラフィック全体を選択するには、SmartArtグラフィックの枠線上をクリックします。

⑤SmartArtグラフィックに次の書式を設定しましょう。

色　　　 ：カラフル-アクセント3から4
スタイル ：グラデーション

⑥次のページ罫線を設定しましょう。

絵柄：𝕩𝕩𝕩𝕩𝕩
色　：青、アクセント1

※文書に「Lesson18完成」と名前を付けて、フォルダー「Word編」に保存し、閉じておきましょう。

標準解答

OPEN
フォルダー「Word編」
W Lesson19

あなたは、リラクゼーションメニューを案内するチラシを作成することになりました。
完成図のような文書を作成しましょう。

●完成図

Detox & Spa FOM

◆◇◆◇◆◇◆◇◆◇◆◇◆◇ MENU ◆◇◆◇◆◇◆◇◆◇◆◇◆◇

■岩盤浴

ハワイ島・キラウェア火山の溶岩石をぜいたくに使用した岩盤浴です。遠赤外線とマイナスイオン効果により
芯から身体を温めて代謝を活発にします。

I 時間　¥4,000-（税込）

■アロマトリートメント

カウンセリングをもとに、ひとりひとりの体質に合わせて調合した
オリジナルのアロマオイルで、全身を丁寧にトリートメントします。

I 時間　¥8,000-（税込）

■岩盤浴セットコース

岩盤浴で多量の汗と一緒に体内の老廃物や毒素を排出したあと、肩と背中を重点的にトリートメントします。

I 時間 30 分　¥10,000-（税込）

Detox & Spa FOM

営　業　時　間：午前 II 時～午後 II 時（最終受付午後 9 時）
住　　　　　所：東京都新宿区神楽坂 3-X-X
電　話　番　号：0120-XXX-XXX
メールアドレス：customer@XX.XX

① テーマ「ギャラリー」を適用しましょう。

② 完成図を参考に、フォルダー「Word編」の画像「spa」を挿入しましょう。

③ 「spa」の画像の文字列の折り返しを「背面」に設定しましょう。

④ 完成図を参考に、「spa」の画像の位置とサイズを調整しましょう。

⑤ ワードアートを作成し、「Detox & Spa FOM」と入力しましょう。ワードアートの
　 スタイルは「塗りつぶし：白；輪郭：インディゴ、アクセントカラー5；影」にします。
※半角で入力します。

⑥ ワードアートに次の書式を設定しましょう。

```
フォント　　　　：Century
フォントサイズ：48ポイント
```

(HINT) ワードアート全体を選択するには、ワードアートの枠線上をクリックします。

⑦ 完成図を参考に、ワードアートの位置を調整しましょう。

⑧ 「■岩盤浴」「■アロマトリートメント」「■岩盤浴セットコース」のフォントの色を「ピン
　 ク、アクセント2」に設定しましょう。

⑨ 完成図を参考に、フォルダー「Word編」の画像「アロマオイル」を挿入しましょう。

⑩ 「アロマオイル」の画像に図のスタイル「楕円、ぼかし」を適用しましょう。

⑪ 「アロマオイル」の画像の文字列の折り返しを「四角形」に設定しましょう。

⑫ 完成図を参考に、「アロマオイル」の画像のサイズと位置を調整しましょう。

⑬ 完成図を参考に、フォルダー「Word編」の画像「石」を挿入しましょう。

⑭ 「石」の画像の文字列の折り返しを「背面」に設定しましょう。

⑮ 完成図を参考に、「石」の画像の位置とサイズを調整しましょう。

⑯ 「Detox & Spa FOM」から「メールアドレス：customer@XX.XX」までのフォント
　 の色を「白、背景1」に変更しましょう。

※文書に「Lesson19完成」と名前を付けて、フォルダー「Word編」に保存し、閉じておきましょう。

OPEN
フォルダー「Word編」
W Lesson20

あなたは、ピアノリサイタルのチラシを作成して、ディナーショー宿泊プランへの集客をしたいと考えています。
完成図のような文書を作成しましょう。

●完成図

春の夜のピアノリサイタル

松田貴洋 Dinner Show 2024

数多くの国際コンクールで優勝経験を持ち、若手ピアニストの中でも大注目の「松田貴洋」。
心に響く美しいピアノの音色を楽しみながら、春のフレンチをご堪能ください。

開 催 日 ： 2024年3月22日（金）・23日（土）
時　　間 ： 午後6時30分～午後8時30分
会　　場 ： ロイヤル・フロンティア・ホテル
料　　金 ： 30,000円（サービス料・税込）
お申し込み ： 03-5462-XXXX
※定員になり次第、締め切らせていただきます。

◆ディナーショー宿泊プラン◆
ディナーショーと宿泊がセットになったお得なプランもご用意しております。

宿泊日	スタンダードツイン	デラックスツイン
3月22日（金）	43,000円／人	48,000円／人
3月23日（土）	47,000円／人	52,000円／人

① ページの背景色を「ブルーグレー、テキスト2」に設定しましょう。

② 文書の基本のフォントの色を「白、背景1」に設定しましょう。

(HINT) 基本のフォントの色を変更するには、《レイアウト》タブ→《ページ設定》グループの 📄（ページ設定）→《文字数と行数》タブ→《フォントの設定》を使います。

③ フォルダー「Word編」の画像「ピアノ」を挿入し、画像の文字列の折り返しを「背面」に設定しましょう。
次に、完成図を参考に、画像の位置とサイズを調整しましょう。

④ 画像の色を「オレンジ、アクセント2（淡）」に設定しましょう。

⑤ ワードアートを作成し、次の文字を挿入しましょう。ワードアートのスタイルは「塗りつぶし：黒、文字色1；影」にします。

春の夜のピアノリサイタル↵
松田貴洋␣Dinner␣Show␣2024

※英数字は半角で入力します。
※↵で Enter を押して改行します。
※␣は半角の空白を表します。

(HINT) 文字の後ろで Enter を押すと、ワードアート内で改行されます。

⑥ ワードアートの「春の夜のピアノリサイタル」のフォントサイズを「28ポイント」に設定しましょう。
次に、完成図を参考に、ワードアートの位置とサイズを調整しましょう。

⑦ 文末に3行3列の表を作成し、次のように文字を入力しましょう。

宿泊日	スタンダードツイン	デラックスツイン
3月22日（金）	43,000円／人	48,000円／人
3月23日（土）	47,000円／人	52,000円／人

⑧ 表にスタイル「表（格子）淡色」を適用しましょう。
次に、表の1行目に次の書式を設定しましょう。

塗りつぶし：オレンジ、アクセント2、黒＋基本色25%
太字

---

⑨ 表内の文字をセル内で中央揃えにしましょう。

⑩ 次のページ罫線を設定しましょう。

種類：───────
太さ：2.25pt
色　：白、背景1

※文書に「Lesson20完成」と名前を付けて、フォルダー「Word編」に保存し、閉じておきましょう。

OPEN
フォルダー「Word編」
W Lesson21

あなたは、リゾートホテルの従業員で、3周年記念プランのチラシを作成しているところです。
完成図のような文書を作成しましょう。

●完成図

オープン 3 周年記念プラン

おかげさまでオープン 3 周年を迎えることができました。日頃のご愛顧に感謝して
「オープン 3 周年記念プラン」をご提供いたします。この機会にぜひご利用ください。

◆FOM Spa Resort の自慢

雄大な富士山を望む天然温泉
敷地内 4 か所から湧き出る自家源泉を 24 時間かけ流し
地元の滋味を日本料理とイタリア料理で楽しめる
本格的スパトリートメントで心と体が癒される

◆3 周年記念プラン内容

プラン特典 「リフレクソロジー20 分無料チケット」を進呈
お一人様につき、浴衣 3 枚・バスタオル 3 枚をご用意
12：00 までチェックアウト延長可能
対象期間　2023 年 10 月 2 日～11 月 30 日（土曜日・祝前日を除く）
プラン料金（1 泊 2 食付 1 名様料金／消費税・サービス料込）

	通常料金	プラン特別料金
スタンダードツイン	20,000 円	15,000 円
デラックスダブル	30,000 円	25,000 円
スイート	48,000 円	38,000 円

ご予約はお電話にて：FOM Spa Resort　0120-XXX-XXX

①テーマ「レトロスペクト」を適用しましょう。

②完成図を参考に、フォルダー「Word編」の画像「和室」を挿入しましょう。

③画像「和室」の文字列の折り返しを「背面」に設定しましょう。

④完成図を参考に、画像「和室」の位置とサイズを調整しましょう。

⑤ワードアートを作成し、次の文字を挿入しましょう。ワードアートのスタイルは「塗りつぶし：アイスブルー、背景色2；影（内側）」にします。

```
FOM↵
Spa↵
Resort
```

※英字は半角で入力します。
※↵で Enter を押して改行します。

⑥ワードアートに次の書式を設定しましょう。

```
フォント      ：Arial Black
フォントサイズ：48ポイント
右揃え
```

⑦完成図を参考に、ワードアートの位置を調整しましょう。

⑧次のように各文字に効果を設定しましょう。

文字	効果
オープン 3 周年記念プラン	塗りつぶし：茶、アクセントカラー4；面取り（ソフト）
◆FOM Spa Resortの自慢	塗りつぶし：茶、アクセントカラー3；面取り（シャープ）
◆ 3 周年記念プラン内容	〃

⑨「◆FOM Spa Resortの自慢」の前に、フォルダー「Word編」の画像「温泉」を挿入しましょう。

⑩画像「温泉」に図のスタイル「シンプルな枠、白」を適用しましょう。

⑪画像「温泉」の文字列の折り返しを「四角形」に設定しましょう。

⑫完成図を参考に、画像のサイズと位置、角度を調整しましょう。

(HINT) 画像を回転するには、画像の上側に表示される ⟳ （ハンドル）をドラッグします。

⑬「プラン料金」の下に4行3列の表を作成し、次のように文字を入力しましょう。

	通常料金	プラン特別料金
スタンダードツイン	20,000円	15,000円
デラックスダブル	30,000円	25,000円
スイート	48,000円	38,000円

⑭ 表の罫線の色を「ベージュ、アクセント5」に設定しましょう。
　また、表の外側の罫線を「2.25pt」の線に設定しましょう。

⑮ 表の1列目に太字を設定しましょう。

⑯ 表の2列目に「ベージュ、アクセント5、白+基本色60%」、3列目に「ベージュ、アクセント5、白+基本色40%」の塗りつぶしを設定しましょう。

⑰ 表の2〜3列目の文字をセル内で中央揃えにしましょう。

※文書に「Lesson21完成」と名前を付けて、フォルダー「Word編」に保存し、閉じておきましょう。

Lesson 22 チケットを作成しよう

OPEN

W 新しい文書

あなたは、区民オーケストラの団員で、今度開催するファミリーコンサートのチケットを作成しているところです。
完成図のような文書を作成しましょう。

●完成図

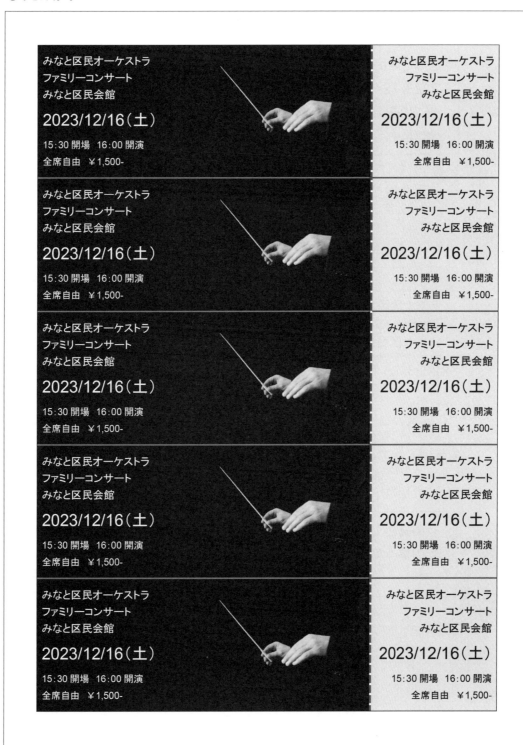

① ページの余白を「狭い」に設定しましょう。

② 次のように文書の基本のフォントを設定しましょう。

> **日本語用のフォント ：MSPゴシック**
> **英数字用のフォント ：Arial**

③ 1行2列の表を作成し、次のように文字を入力しましょう。

みなと区民オーケストラ↵ ファミリーコンサート↵ みなと区民会館↵ 2023/12/16（土）↵ 15:30開場□16:00開演↵ 全席自由□¥1,500-	

※数字と「/」「,」「-」は半角で入力します。
※↵で [Enter] を押して改行します。
※□は全角空白を表します。

④ 次のように表内の各文字のフォントサイズを設定しましょう。

文字	フォントサイズ
みなと区民オーケストラ ファミリーコンサート みなと区民会館	12ポイント
2023/12/16（土）	18ポイント

⑤ 左側のセルの文字をコピーして、右側のセル内に貼り付けましょう。

（**HINT**） セル内の文字をコピーするには、セル単位ではなく、文字単位で選択します。

⑥ 次のように表の行の高さと列の幅を設定しましょう。

> **行の高さ： 50mm**
> **列の幅　： 1列目　130mm**
> **　　　　　　 2列目　50mm**

⑦ 完成図を参考に、表内の文字の配置を調整しましょう。

⑧ 完成図を参考に、フォルダー「Word編」の画像「指揮者」を挿入しましょう。

⑨ 画像の文字列の折り返しを「前面」に設定しましょう。

⑩ 完成図を参考に、画像の位置とサイズを調整しましょう。

⑪ 表の1列目に「黒、テキスト1」の塗りつぶしを設定しましょう。

⑫ 表の2列目に「ゴールド、アクセント4、白+基本色80%」の塗りつぶしを設定しましょう。

⑬ 完成図を参考に、表の1列目と2列目の間の罫線に次の書式を設定しましょう。

罫線のスタイル	： ---------------
罫線の太さ	：2.25pt
罫線の色	：黒、テキスト1、白+基本色50%

⑭ 完成図を参考に、1行2列の表をコピーして、5行2列の表にしましょう。

HINT 表に設定されている書式を含めて貼り付けるには、元の形式を保持して貼り付けます。

⑮ 完成図を参考に、表の1行目から5行目の間の罫線に次の書式を設定しましょう。

罫線のスタイル	：———————
罫線の太さ	：1.5pt
罫線の色	：黒、テキスト1、白+基本色50%

※文書に「Lesson22完成」と名前を付けて、フォルダー「Word編」に保存し、閉じておきましょう。

標準解答

OPEN
フォルダー「Word編」
W Lesson23
あなたは、特売品を知らせるポップを作成しているところです。ポップは人目を惹くようなものを作成したいと考えています。
完成図のような文書を作成しましょう。

●完成図

本日の特売品
山梨県産 ピオーネ 1kg 箱（2〜3 房） 甘みが強く、ほどよい酸味 贈答用にもどうぞ！ ￥1,980- 

①次のように表の罫線を設定しましょう。

罫線の太さ ：3pt
罫線の色 　：オレンジ、アクセント2

②表の1行目に次の書式を設定しましょう。

セルの塗りつぶし：オレンジ、アクセント2
フォント 　　　：メイリオ
フォントサイズ 　：26ポイント
フォントの色 　　：白、背景1
中央揃え

③表の2行目のフォントを「MSPゴシック」に設定しましょう。
　また、次のように各文字のフォントサイズを設定しましょう。

文字	フォントサイズ
山梨県産	26ポイント
ピオーネ 1kg箱（2〜3房）	48ポイント
甘みが強く、ほどよい酸味 贈答用にもどうぞ！	22ポイント
¥1,980-	72ポイント

④「¥1,980-」に次の書式を設定しましょう。

> フォントの色：赤
> 太字
> 斜体

⑤完成図を参考に、直線を使って、ぶどうの枝を作成しましょう。
　また、直線に次の書式を設定しましょう。

> 図形の枠線　色　：オレンジ、アクセント2、黒＋基本色50%
> 図形の枠線　太さ：6pt

(HINT) 図形を作成するには、《挿入》タブ→《図》グループの [○ 図形 ▾] （図形の作成）を使います。

⑥作成したぶどうの枝をコピーして、完成図を参考に配置しましょう。

⑦完成図を参考に、楕円を使って、ぶどうのつぶを作成しましょう。ぶどうのつぶは真円にします。
　また、真円に次の書式を設定しましょう。

> 図形の塗りつぶし　色　　　　　：ラベンダー、アクセント5
> 図形の塗りつぶし　グラデーション：濃色のバリエーション
> 　　　　　　　　　　　　　　　　斜め方向-右下から左上
> 図形の枠線　　　　　　　　　　：枠線なし

(HINT) 真円を作成するには、[Shift]を押しながらドラッグします。

⑧完成図を参考に、作成したぶどうのつぶをコピーしましょう。

※文書に「Lesson23完成」と名前を付けて、フォルダー「Word編」に保存し、閉じておきましょう。

標準解答

OPEN

新しい文書

あなたは、桜まつりのポスターを作成しています。昨年撮った桜の写真を使って、はなやかなポスターにしたいと考えています。
完成図のような文書を作成しましょう。

●完成図

① テーマの色「ペーパー」を適用しましょう。

(HINT) テーマの配色を設定するには、《デザイン》タブ→《ドキュメントの書式設定》グループの （テーマの色）を使います。

② ページの背景色を「ラベンダー、アクセント4、白+基本色60%」に設定しましょう。

③ 完成図を参考に、フォルダー「Word編」の画像「桜」を挿入しましょう。

④ 画像の文字列の折り返しを「背面」に設定しましょう。

⑤ 完成図を参考に、画像の位置とサイズを調整しましょう。

⑥ 次のように直角三角形の図形を作成しましょう。

———— 直角三角形

⑦ 完成図を参考に、⑥で作成した図形をページ下部にコピーしましょう。

(HINT) 図形を垂直方向や水平方向にコピーするには、 Ctrl と Shift を押しながら図形の枠線をドラッグします。

⑧ ⑥で作成した図形に次の書式を設定しましょう。

図形の塗りつぶし：ラベンダー、アクセント4、白+基本色60% 図形の枠線 ：枠線なし

⑨ ⑦でコピーした図形に次の書式を設定しましょう。

図形の塗りつぶし：ラベンダー、アクセント4 図形の枠線 ：枠線なし

⑩ ワードアートを作成し、次のように文字を入力しましょう。ワードアートのスタイルは「塗りつぶし：黒、文字色1；輪郭：白、背景色1；影（ぼかしなし）：白、背景色1」にします。

東山商店街↵

春爛漫・桜まつり↵

⑪ ワードアートに次の書式を設定しましょう。

フォント	：Meiryo UI
フォントサイズ	：「東山商店街」を48ポイント
	「春爛漫・桜まつり」を72ポイント
文字の塗りつぶし	：濃い赤
左揃え	

次に、完成図を参考に、ワードアートの位置とサイズを調整しましょう。

⑫ 「矢印：五方向」の図形を作成し、次のように図形内に文字を入力しましょう。

3.29（金）↵
10:00～21:00

※数字と「.」「:」は半角で入力します。
※↵で Enter を押して改行します。

（HINT） 図形を選択して文字を入力すると、図形内に文字が追加されます。

⑬ ⑫で作成した図形に次の書式を設定しましょう。

図形のスタイル	：塗りつぶし-オレンジ、アクセント2
フォント	：「3.29」「10:00～21:00」をArial Black
	「（金）」をMSPゴシック
フォントサイズ	：「3.」を36ポイント
	「29」を48ポイント
	「（金）」「10:00～21:00」を20ポイント
左揃え	

次に、完成図を参考に、図形の位置とサイズ、鋭角の角度を調整しましょう。

（HINT） 図形のスタイルを設定するには、《図形の書式》タブ→《図形のスタイル》グループの ▽ を使います。
鋭角の角度を変更するには、黄色の ◯ （ハンドル）をドラッグします。

⑭ ⑫で作成した図形を2個コピーして、次のように図形内の文字を修正しましょう。

3.30（土）↵
10:00～21:00

3.31（日）↵
10:00～20:00

⑮ テキストボックスを作成し、次のように文字を入力しましょう。

> 毎年恒例になりました「桜まつり」。今年も楽しいイベントが盛りだくさん！↵
> 満開の桜の下で楽しいひとときを過ごしませんか？↵
> ご家族お揃いで、ぜひご来場ください。

⑯ テキストボックスに次の書式を設定しましょう。

> 図形の塗りつぶし ：塗りつぶしなし
> 図形の枠線 　　　：枠線なし
> フォント 　　　　：MSP明朝
> フォントサイズ 　　：18ポイント
> 太字

　次に、完成図を参考に、テキストボックスの位置とサイズを調整しましょう。

⑰ 「四角形：対角を丸める」の図形を作成し、次のように図形内に文字を入力しましょう。

> 掘り出し物に出会える↵
> 楽しい屋台村

⑱ ⑰で作成した図形に次の書式を設定しましょう。

> 図形のスタイル ：グラデーション-ラベンダー、アクセント5
> フォント 　　　：MSPゴシック
> フォントサイズ ：「掘り出し物に出会える」を18ポイント
> 　　　　　　　　「楽しい屋台村」を36ポイント

　次に、完成図を参考に、図形の位置とサイズを調整しましょう。

⑲ ⑰で作成した図形を3個コピーして、次のように図形内の文字を修正しましょう。

> 各日先着100名様↵
> お団子試食会

> 豪華景品が当たる！↵
> お楽しみ抽選会

> 飛び入り参加大歓迎！↵
> 大道芸パレード

⑳ ⑲でコピーした「お団子試食会」と「お楽しみ抽選会」の図形にスタイル「グラデーション-ブルーグレー、アクセント6」を適用しましょう。

※文書に「Lesson24完成」と名前を付けて、フォルダー「Word編」に保存し、閉じておきましょう。

ポスターを作成しよう②

標準解答

OPEN

W 新しい文書

あなたは、自治会主催のイベントの参加者募集ポスターを作成しています。
完成図のような文書を作成しましょう。

●完成図

①テーマの色「シック」を適用しましょう。

②ページの背景色を「濃い緑、アクセント4、黒+基本色50%」に設定しましょう。

③完成図を参考に、フォルダー「Word編」の画像「高山植物」を挿入しましょう。

④画像の文字列の折り返しを「背面」に設定しましょう。

⑤完成図を参考に、画像の位置とサイズを調整しましょう。

⑥縦書きテキストボックスを作成し、次のように文字を入力しましょう。

倉井連山縦走トレッキング

---

⑦⑥で作成したテキストボックスに次の書式を設定しましょう。

図形の塗りつぶし：濃い緑、アクセント4
図形の枠線　　　：枠線なし
フォント　　　　：MSPゴシック
フォントサイズ　：48ポイント
太字
文字の効果　　　：塗りつぶし：白；輪郭：濃い紫、アクセントカラー5；影
上下中央揃え

次に、完成図を参考に、テキストボックスの位置とサイズを調整しましょう。

⑧完成図を参考に、山のアイコンを挿入しましょう。

HINT 山のアイコンは、「山」と入力して検索します。
目的のアイコンがない場合は、任意のアイコンを挿入してください。

⑨アイコンの文字列の折り返しを「前面」に設定しましょう。

⑩アイコンに「ベージュ、背景2」の塗りつぶしを設定しましょう。

⑪完成図を参考に、アイコンの位置を調整しましょう。

⑫縦書きテキストボックスを作成し、次のように文字を入力しましょう。

～高山植物を楽しむ1泊2日～

※数字は全角で入力します。

⑬ ⑫で作成したテキストボックスに次の書式を設定しましょう。

図形の塗りつぶし	：塗りつぶしなし
図形の枠線	：枠線なし
フォント	：MSPゴシック
フォントサイズ	：28ポイント
文字の効果	：塗りつぶし：白；輪郭：濃い紫、アクセントカラー5；影

次に、完成図を参考に、テキストボックスの位置を調整しましょう。

⑭ テキストボックスを作成し、次のように文字を入力しましょう。

倉井連山の初夏は、高山植物が咲き誇る季節。倉井連山の長岐岳〜大路ヶ岳〜御園
山〜村田湖を縦走で巡るコースです。↵
集合日時：5月25日（土）午前7時00分↵
集合場所：長岐岳登山口↵
コース：↵
長岐岳登山口集合→長岐岳→大路ヶ岳→大路ヶ岳山荘泊→御園山→村田湖→村田駅
前解散（午後3時ごろゴール予定）↵
費用：会員無料↵
主催：さくら町歩け歩け会

※数字は半角で入力します。
※↵で Enter を押して改行します。
※「→」は「やじるし」と入力して変換します。

⑮ ⑭で作成したテキストボックスに次の書式を設定しましょう。

図形の塗りつぶし	：塗りつぶしなし
図形の枠線	：枠線なし
フォントサイズ	：12ポイント
フォントの色	：白、背景1

⑯ ⑭で作成したテキストボックスの「集合日時：5月25日（土）午前7時00分」「集合
場所：長岐岳登山口」のフォントサイズを18ポイントに設定しましょう。

⑰ 完成図を参考に、⑭で作成したテキストボックスの位置とサイズを調整しま
しょう。

※文書に「Lesson25完成」と名前を付けて、フォルダー「Word編」に保存し、閉じておきましょう。

Excel操作編

表の作成、数式の入力、グラフの作成、データベースの利用
など、Excelの基本的な機能に関する練習問題です。
Lesson26～48まで全23問を用意しています。

データを入力しよう①

標準解答は、FOM出版のホームページで提供しています。P.7「7 標準解答・学習ガイド・Microsoft 365での操作方法の利用について」を参照してください。

OPEN
E 新しいブック

あなたは、自宅で使用する衛生用品を購入するためにメモを取ることにしました。
完成図のようにデータを入力しましょう。

●完成図

	A	B	C	D	E	F
1	インターネットで買い物					
2						
3	マスク	1800	100枚入り			
4	消毒液	4000	5本セット			
5	体温計	990				
6	小計	6790				
7	消費税率	0.1				
8	総計	7469				
9						

① 次のようにデータを入力しましょう。

	A	B	C	D	E	F
1	インターネットで買い物					
2						
3	マスク	1800	100枚入り			
4	消毒液	4000	5本セット			
5	体温計	990				
6	小計					
7	消費税率	0.1				
8	総計					
9						

② セル【B6】に「小計」を求めましょう。

HINT 「小計」はセル範囲【B3：B5】の数値を合計して求めます。

③ セル【B8】に「総計」を求めましょう。

HINT 「総計」は「小計×（1＋消費税率）」で求めます。

④ ブックに「Lesson26完成」と名前を付けて、フォルダー「Excel編」に保存しましょう。

⑤ ブック「Lesson26完成」を閉じましょう。

⑥ 保存したブック「Lesson26完成」を開きましょう。

※ブック「Lesson26完成」を閉じておきましょう。

Lesson 27 データを入力しよう②

OPEN
E 新しいブック

あなたは、幹事として懇親会の費用を調べています。
完成図のようにデータを入力しましょう。

●完成図

	A	B	C	D	E
1	懇親会会費				
2					
3	1名分	食事代	4000		
4		飲み放題	1390		
5		会費	5390		
6					
7	合計	人数	33		
8		会費	177870		
9					

① 次のようにデータを入力しましょう。

	A	B	C	D	E
1	懇親会会費				
2					
3	1名分	食事代	4000		
4		飲み放題	1390		
5		会費			
6					
7	合計	人数	36		
8		会費			
9					

② セル【C5】に「1名分」の「会費」を求めましょう。

(HINT) 「1名分」の「会費」は「食事代＋飲み放題」で求めます。

③ セル【C8】に「合計」の「会費」を求めましょう。

(HINT) 「合計」の「会費」は「1名分の会費×人数」で求めます。

④ ブックに「Lesson27完成」と名前を付けて、フォルダー「Excel編」に保存しましょう。

⑤ ブック「Lesson27完成」を閉じましょう。

⑥ 保存したブック「Lesson27完成」を開きましょう。

⑦ セル【C7】の「36」を「33」に修正し、ブックを上書き保存しましょう。

※ブック「Lesson27完成」を閉じておきましょう。

Word 操作編

Excel 操作編

Word・Excel 連携編

あなたは、タブレット端末の手配をするため、今期必要な台数を担当者にヒアリングしています。
完成図のようにデータを入力しましょう。

●完成図

	A	B	C	D	E	F
1	タブレット端末必要数ヒアリング（2024年下期）					
2						
3	モデル	開発担当	業務担当	QA担当	合計	
4	8インチ	3	10	2	15	
5	10インチ	3	0	2	5	
6	12インチ	8	0	5	13	
7	合計	14	10	9	33	
8						

①次のようにデータを入力しましょう。

	A	B	C	D	E	F
1	タブレット端末必要数ヒアリング					
2						
3	モデル	開発担当	業務担当	QA担当		
4	8インチ	3	10	2		
5	10インチ	3	0	2		
6	12インチ	8	0	5		
7	合計					
8						

②セル【A7】の「合計」をセル【E3】にコピーしましょう。

③セル【E4】に「8インチ」の「合計」を求めましょう。

④オートフィルを使って、セル【E4】の数式をセル範囲【E5:E6】にコピーしましょう。

⑤セル【B7】に「開発担当」の「合計」を求めましょう。

⑥オートフィルを使って、セル【B7】の数式をセル範囲【C7:E7】にコピーしましょう。

⑦セル【A1】の「タブレット端末必要数ヒアリング」を「タブレット端末必要数ヒアリング（2024年下期）」に修正しましょう。

※ブックに「Lesson28完成」と名前を付けて、フォルダー「Excel編」に保存し、閉じておきましょう。

Lesson 29 スケジュール表を作成しよう

標準解答

OPEN
フォルダー「Excel編」
E Lesson29

あなたは、所属するグループの担当者3名の予定を把握するために、スケジュール表を作成することにしました。
完成図のような表を作成しましょう。

●完成図

月日	曜日	全体の予定	担当者①	担当者②	担当者③	備考
11月1日	水					
11月2日	木					
11月3日	金					
11月4日	土					
11月5日	日					
11月6日	月					
11月7日	火					
11月8日	水					
11月9日	木					
11月10日	金					
11月11日	土					
11月12日	日					
11月13日	月					
11月14日	火					
11月15日	水					
11月16日	木					
11月17日	金					
11月18日	土					
11月19日	日					
11月20日	月					
11月27日	月					
11月28日	火					
11月29日	水					
11月30日	木					

① セル【C4】に「水」と入力しましょう。
次に、オートフィルを使って、セル範囲【B5:C33】に連続データを入力しましょう。

② セル範囲【B3:H33】に格子線を引きましょう。

③ 完成図を参考に、列の幅を調整しましょう。

④ セル【B1】にスタイル「タイトル」を適用しましょう。

HINT スタイルを適用するには、《ホーム》タブ→《スタイル》グループの（セルのスタイル）を使います。

⑤ セル範囲【B3:H3】の文字列に太字を設定しましょう。

⑥ セル範囲【B3:H3】とセル範囲【C4:C33】の文字列を中央揃えにしましょう。

※ブックに「Lesson29完成」と名前を付けて、フォルダー「Excel編」に保存し、閉じておきましょう。

Word操作編

Excel操作編

Word・Excel連携編

標準解答

OPEN
フォルダー「Excel編」
E Lesson30

あなたは、町内会の防災部で町内パトロールの当番表を作成することになりました。完成図のような表を作成しましょう。

●完成図

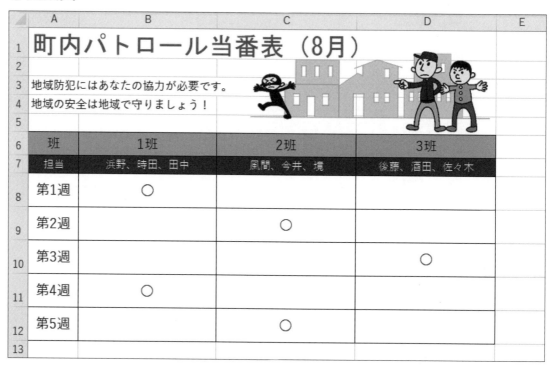

	A	B	C	D	E
1	町内パトロール当番表（8月）				
2					
3	地域防犯にはあなたの協力が必要です。				
4	地域の安全は地域で守りましょう！				
5					
6	班	1班	2班	3班	
7	担当	浜野、時田、田中	風間、今井、境	後藤、酒田、佐々木	
8	第1週	○			
9	第2週		○		
10	第3週			○	
11	第4週	○			
12	第5週		○		
13					

① セル【A8】に「第1週」と入力しましょう。
　次に、オートフィルを使って、セル範囲【A9:A12】に連続データを入力しましょう。

② セル【B6】に「1班」と入力しましょう。
　次に、オートフィルを使って、セル範囲【C6:D6】に連続データを入力しましょう。

③ セル範囲【A6:D12】に格子線を引きましょう。

④ B～D列の列の幅を「24」に設定しましょう。

⑤ 8～12行目の行の高さを「35」に設定しましょう。

⑥ セル【B8】に「○」と入力し、セル【C9】、セル【D10】、セル【B11】、セル【C12】にコピーしましょう。

※「○」は「まる」と入力して変換します。

⑦ セル【A1】のタイトルに次の書式を設定しましょう。

```
フォント      ：MSゴシック
フォントサイズ：26ポイント
フォントの色   ：オレンジ、アクセント2、黒＋基本色25%
```

⑧ セル範囲【A3:A4】のフォントサイズを12ポイントに設定しましょう。
次に、セル範囲【A8:D12】のフォントサイズを14ポイントに設定しましょう。

⑨ セル範囲【A6:D6】に次の書式を設定しましょう。

```
フォントサイズ   ：14ポイント
塗りつぶしの色：オレンジ、アクセント2、白＋基本色40%
```

⑩ セル範囲【A7:D7】に次の書式を設定しましょう。

```
塗りつぶしの色：オレンジ、アクセント2、黒＋基本色50%
フォントの色    ：白、背景1
```

⑪ セル範囲【A6:D12】の文字列を中央揃えにしましょう。

⑫ 完成図を参考に、フォルダー「Excel編」の画像「防犯」を挿入しましょう。

(HINT) 画像を挿入するには、《挿入》タブ→《図》グループの ▣ （画像を挿入します）を使い
ます。

⑬ 完成図を参考に、画像のサイズと位置を調整しましょう。

(HINT) 画像のサイズを変更するには、画像の○（ハンドル）をドラッグします。

⑭ 次のようにページを設定し、ページ中央に表を印刷しましょう。

```
用紙サイズ     ：A4
印刷の向き     ：横
拡大縮小印刷 ：140%
```

(HINT) ページ中央に印刷するには、《ページ設定》ダイアログボックスの《余白》タブを使い
ます。

※ブックに「Lesson30完成」と名前を付けて、フォルダー「Excel編」に保存し、閉じておきましょう。

標準解答

OPEN

フォルダー「Excel編」

E Lesson31

あなたは、町内会のイベント実行委員で、夏祭りの当番表を作成することになりました。
完成図のような表を作成しましょう。

●完成図

	時間	行事	焼きそば	お好み焼き	牛串焼き	わたあめ	かき氷	飲み物	ヨーヨー
朝日町夏祭り 町内会当番表 ※担当する時間の5分前には持ち場に集合してください。									
9:00	準備	1班	2班	3班	4班	5班	6班	7班
10:00	式典	↓	↓	↓	↓	↓	↓	↓
11:00	神楽	8班	9班	10班	11班	12班	13班	14班
12:00	福まき	↓	↓	↓	↓	↓	↓	↓
13:00	山車巡業	1班	2班	3班	4班	5班	6班	7班
14:00	↓	↓	↓	↓	↓	↓	↓	↓
15:00	↓	8班	9班	10班	11班	12班	13班	14班
16:00	琴演奏	↓	↓	↓	↓	↓	↓	↓
17:00	空手道	1班	2班	3班	4班	5班	6班	7班
18:00	盆踊り	↓	↓	↓	↓	↓	↓	↓
19:00	↓	8班	9班	10班	11班	12班	13班	14班
20:00	式典	↓	↓	↓	↓	↓	↓	↓

① セル【A6】に「9:00」と入力しましょう。
次に、オートフィルを使って、セル範囲【A7:A17】に連続データを入力しましょう。

② セル【B11】に「↓」と入力し、セル【B12】、セル【B16】、セル範囲【C7:I7】、セル範囲【C9:I9】にコピーしましょう。
※「↓」は「やじるし」と入力して変換します。

③ セル範囲【C6:I9】をコピーし、セル【C10】とセル【C14】を開始位置として貼り付けましょう。

④ セル範囲【A5:I17】に格子線を引きましょう。

⑤ B～I列の列の幅を「11」に設定しましょう。

⑥5~17行目の行の高さを「25」に設定しましょう。

⑦セル【C1】とセル【E2】に次の書式を設定しましょう。

フォント　　　　：MS UI Gothic
フォントサイズ：36ポイント
フォントの色　：青、アクセント1、黒＋基本色50％

（HINT）　2つのセルをまとめて選択して、書式を設定すると効率的です。
複数のセルをまとめて選択するには、2つ目以降のセルを Ctrl を押しながら選択します。

⑧セル範囲【A5:I5】に次の書式を設定しましょう。

塗りつぶしの色：青、アクセント1
フォントの色　　：白、背景1
太字

---

⑨セル範囲【A5:I17】に次の書式を設定しましょう。

フォントサイズ：12ポイント
中央揃え

---

⑩完成図を参考に、フォルダー「Excel編」の画像「うちわ」を挿入しましょう。

⑪完成図を参考に、画像のサイズと位置を調整しましょう。

※ブックに「Lesson31完成」と名前を付けて、フォルダー「Excel編」に保存し、閉じておきましょう。

来場者数を集計しよう

標準解答

OPEN
フォルダー「Excel編」
E Lesson32

あなたは、店頭で実施した拡販イベントの報告のため、来場者数の集計を行うことにしました。

完成図のような表を作成しましょう。

●完成図

	A	B	C	D	E	F	G	H	I
1	イベント来場者数								
2									
3		初日	2日目	3日目	最終日	合計	平均	構成比	
4	10代以下	1,245	1,342	1,543	1,925	6,055	1,514	22.5%	
5	20代	2,153	2,340	2,845	2,885	10,223	2,556	37.9%	
6	30代	1,232	1,358	1,954	2,068	6,612	1,653	24.5%	
7	40代	845	748	825	924	3,342	836	12.4%	
8	50代以上	125	225	148	224	722	181	2.7%	
9	合計	5,600	6,013	7,315	8,026	26,954	6,739	100.0%	
10									

①セル【B9】に「初日」の「合計」を求めましょう。
　次に、セル【B9】の数式をセル範囲【C9:E9】にコピーしましょう。

②セル【F4】に「10代以下」の「合計」、セル【G4】に「10代以下」の「平均」を求めましょう。
　次に、セル範囲【F4:G4】の数式をセル範囲【F5:G9】にコピーしましょう。

③セル【H4】に「10代以下」の「構成比」を求めましょう。
　次に、セル【H4】の数式をセル範囲【H5:H9】にコピーしましょう。

(HINT)「構成比」は「各年代の合計÷全体の合計」で求めます。

④セル範囲【A3:H9】に格子線を引きましょう。

⑤セル範囲【A3:H3】とセル【A9】に、次の書式を設定しましょう。

> 塗りつぶしの色：青、アクセント5、白+基本色60%
> 太字
> 中央揃え

⑥セル範囲【B4:G9】の数値に3桁区切りカンマを付けましょう。

⑦セル範囲【H4:H9】の数値が小数第1位までのパーセントで表示されるように設定しましょう。

※ブックに「Lesson32完成」と名前を付けて、フォルダー「Excel編」に保存し、閉じておきましょう。

標準解答

Lesson 33 現金出納帳を作成しよう

OPEN
フォルダー「Excel編」
E Lesson33

あなたは、カフェのマネージャーとして、店舗の現金を管理しています。現金出納帳を作成して現金の出入りの記録を付けることにしました。
完成図のような表を作成しましょう。

●完成図

	A	B	C	D	E	F
1	現金出納帳					
2						
3	日付	内容	入金	出金	残金	
4		繰越残金			10,978	
5	8月3日	ニッコリマート（包材）		1,348	9,630	
6	8月4日	ATMで引き出し	30,000		39,630	
7	8月5日	さくらジャパン（親睦会）		3,100	36,530	
8	8月7日	スーパーあおい（食材）		1,048	35,482	
9	8月10日	ニッコリマート（包材）		2,850	32,632	
10	8月13日	商店会会費		5,000	27,632	
11					27,632	
12					27,632	
13					27,632	
14					27,632	
15					27,632	
16					27,632	
17					27,632	
18					27,632	
19					27,632	
20		合計	30,000	13,346		
21						

①完成図を参考に、罫線を引きましょう。

HINT 斜線を引くには、《セルの書式設定》ダイアログボックスの《罫線》タブを使います。

②セル【A1】のフォントサイズを16ポイントに設定しましょう。

③セル範囲【A3:E3】の文字列を中央揃えにしましょう。
　次に、セル【B20】の文字列を右揃えにしましょう。

④セル【E5】に「8月3日」の「残金」を求めましょう。
　次に、セル【E5】の数式をセル範囲【E6:E19】にコピーしましょう。
※書式がコピーされないようにしましょう。

HINT 「残金」は「前日の残金＋当日の入金－当日の出金」で求めます。

⑤セル【C20】に「入金」の「合計」を求めましょう。
　次に、セル【C20】の数式をセル【D20】にコピーしましょう。

⑥セル範囲【C4:E20】の数値に3桁区切りカンマを付けましょう。

※ブックに「Lesson33完成」と名前を付けて、フォルダー「Excel編」に保存し、閉じておきましょう。

Word 操作編

Excel 操作編

Word・Excel 連携編

標準解答

OPEN
フォルダー「Excel編」
E Lesson34

あなたは、毎月の支出を把握するために家計簿をつけることにしました。完成図のような表を作成しましょう。

●完成図

	A	B	C	D	E	F	G	H	I	J	K	L
1	我が家の家計簿											2023年9月分
2												
3	月日	曜日	食費	交際費	交通費	娯楽費	服飾費	雑費	その他	日計	累計	備考
4	9月1日	金	300							300	300	
5	9月2日	土		15,000						15,000	15,300	山根さんの引越祝い（日本酒、益子焼の杯のセット）
6	9月3日	日	1,280		360		6,700			8,340	23,640	
7	9月4日	月	9,880	3,000						12,880	36,520	会社へのお土産（うさぎ堂菓子折り）
8	9月5日	火	350							350	36,870	
9	9月6日	水						2,980		2,980	39,850	
10	9月7日	木	2,650						500	3,150	43,000	町内会費
11	9月8日	金				2,200				2,200	45,200	
12	9月9日	土								0	45,200	
13	9月10日	日								0	45,200	
14	9月11日	月								0	45,200	
15	9月12日	火								0	45,200	
16	9月13日	水								0	45,200	
17	9月14日	木								0	45,200	
18	9月15日	金								0	45,200	
19	9月16日	土								0	45,200	
20	9月17日	日								0	45,200	
21	9月18日	月								0	45,200	
22	9月19日	火								0	45,200	
23	9月20日	水								0	45,200	
24	9月21日	木								0	45,200	
25	9月22日	金								0	45,200	
26	9月23日	土								0	45,200	
27	9月24日	日								0	45,200	
28	9月25日	月								0	45,200	
29	9月26日	火								0	45,200	
30	9月27日	水								0	45,200	
31	9月28日	木								0	45,200	
32	9月29日	金								0	45,200	
33	9月30日	土								0	45,200	
34	合計		14,460	18,000	360	2,200	6,700	2,980	500	45,200		
35												

① セル【A1】とセル【L1】のフォントサイズを14ポイント、太字に設定しましょう。

② 完成図を参考に、罫線を引きましょう。

③ B列の列の幅を自動調整し、最適な列の幅に変更しましょう。

④ L列の列の幅を「24」に設定しましょう。

⑤ セル範囲【A3:L3】とセル範囲【B4:B33】の文字列を中央揃えにしましょう。

⑥ セル範囲【L4:L34】の文字列を折り返して全体が表示されるように設定しましょう。

⑦ セル範囲【A34:B34】を結合し、セルの中央に文字列を配置しましょう。

⑧ セル【J4】に「9月1日」の「日計」を求めましょう。
　次に、セル【J4】の数式をセル範囲【J5:J33】にコピーしましょう。
※書式がコピーされないようにしましょう。

⑨ セル範囲【K4:K33】に「累計」を求めましょう。
　セル【K4】には当日の「日計」をそのまま表示し、セル【K5】には前日の「累計」と当日の「日計」を加算する数式を入力します。
　次に、セル【K5】の数式をセル範囲【K6:K33】にコピーしましょう。
※書式がコピーされないようにしましょう。

⑩ セル【C34】に「食費」の合計を求めましょう。
　次に、セル【C34】の数式をセル範囲【D34:J34】にコピーしましょう。

⑪ セル範囲【C4:K34】の数値に3桁区切りカンマを付けましょう。

学習ガイド

⑫ 1〜3行目を固定し、表の最終行を表示しましょう。

※ブックに「Lesson34完成」と名前を付けて、フォルダー「Excel編」に保存し、閉じておきましょう。

Lesson 35 環境家計簿を作成しよう

標準解答

OPEN
フォルダー「Excel編」
E Lesson35

あなたは、学校の調べ学習のために、自宅の毎月の二酸化炭素の排出量を算出したいと考えています。
完成図のような表を作成しましょう。

●完成図

シート「8月」

我が家のCO_2排出量

2023年8月分

項目	支払金額	使用量		CO_2排出係数			CO_2排出量	
電気	¥16,994	568	kWh	×	0.51	=	290.82	kg-CO_2
水道	¥6,825	30	㎥	×	0.36	=	10.80	kg-CO_2
都市ガス	¥6,922	46	㎥	×	2.23	=	102.58	kg-CO_2
LPガス			㎥	×	6.00	=	0.00	kg-CO_2
灯油			ℓ	×	2.49	=	0.00	kg-CO_2
軽油			ℓ	×	2.58	=	0.00	kg-CO_2
ガソリン	¥8,640	54	ℓ	×	2.32	=	125.28	kg-CO_2
合計							529.48	kg-CO_2

< > 8月 9月 +

シート「9月」

我が家のCO_2排出量

2023年9月分

項目	支払金額	使用量		CO_2排出係数			CO_2排出量	
電気			kWh	×	0.51	=	0.00	kg-CO_2
水道			㎥	×	0.36	=	0.00	kg-CO_2
都市ガス			㎥	×	2.23	=	0.00	kg-CO_2
LPガス			㎥	×	6.00	=	0.00	kg-CO_2
灯油			ℓ	×	2.49	=	0.00	kg-CO_2
軽油			ℓ	×	2.58	=	0.00	kg-CO_2
ガソリン			ℓ	×	2.32	=	0.00	kg-CO_2
合計							0.00	kg-CO_2

< > 8月 9月 +

① 次の図を参考に、C列とD列、E列とF列、F列とG列、H列とI列の間にある罫線を削除しましょう。

	A	B	C	D	E	F	G	H	I	J
1	我が家のCO_2排出量									
2									2023年8月分	
3										
4	項目	支払金額	使用量			CO_2排出係数		CO_2排出量		
5	電気	16994	568	kWh	×	0.512	=		g-CO_2	
6	水道	6825	30	㎥	×	0.36	=		g-CO_2	
7	都市ガス	6922	40	㎥	×	2.23	=		g-CO_2	
8	LPガス			㎥	×	6	=		g-CO_2	
9	灯油			ℓ	×	2.49	=		g-CO_2	
10	軽油			ℓ	×	2.58	=		g-CO_2	
11	ガソリン	8640	54	ℓ	×	2.32	=		g-CO_2	
12	合計								g-CO_2	
13										

(HINT) 《ホーム》タブ→《フォント》グループの [⊞▾] (下罫線)の [▾] →《罫線の削除》→罫線をドラッグして、罫線を削除します。

② セル【H5】に「電気」の「CO_2排出量」を求めましょう。
次に、セル【H5】の数式をセル範囲【H6:H11】にコピーしましょう。

(HINT) 「CO_2排出量」は「使用量×CO_2排出係数」で求めます。

③ セル【H12】に「CO_2排出量」の「合計」を求めましょう。
※セル【H12】には、太字が設定されています。

④ セル範囲【B5:B11】の数値に通貨記号「¥」と3桁区切りカンマを付けましょう。

⑤ セル範囲【F5:F11】とセル範囲【H5:H12】の数値が小数第2位まで表示されるように設定しましょう。

⑥ シート「Sheet1」のシート名を「8月」に変更しましょう。

(HINT) シート名を変更するには、シート見出しをダブルクリックします。

⑦ シート「8月」をコピーしましょう。
次に、コピーしたシートのシート名を「9月」に変更しましょう。

(HINT) シートをコピーするには、[Ctrl]を押しながら、シート見出しをドラッグします。

⑧ シート「9月」のセル【I2】の「2023年8月分」を「2023年9月分」に修正しましょう。

⑨ シート「9月」のセル範囲【B5:C11】のデータを削除しましょう。

※ブックに「Lesson35完成」と名前を付けて、フォルダー「Excel編」に保存し、閉じておきましょう。

売上表を作成しよう

標準解答

OPEN
フォルダー「Excel編」
Ｅ Lesson36

あなたは、スーパーの売上管理を担当しており、食肉部門における分類別の売上実績をまとめたいと考えています。
完成図のような表を作成しましょう。

●完成図

シート「上期」

	A	B	C	D	E	F	G	H	I	J
1	売上実績表（上期）									
2									単位：千円	
3	分類	4月	5月	6月	7月	8月	9月	合計	構成比	
4	牛肉	1,022	1,254	1,689	1,484	1,470	1,847	8,766	26.7%	
5	鶏肉	1,845	1,118	1,480	1,208	1,980	2,015	9,646	29.4%	
6	豚肉	1,002	1,254	984	1,120	1,040	1,478	6,878	21.0%	
7	その他	1,541	1,052	1,028	1,058	1,158	1,655	7,492	22.9%	
8	合計	5,410	4,678	5,181	4,870	5,648	6,995	32,782	100.0%	
9										

`<` `>` 上期 下期 +

シート「下期」

	A	B	C	D	E	F	G	H	I	J	K
1	売上実績表（下期）										
2									単位：千円		
3	分類	10月	11月	12月	1月	2月	3月	合計	構成比		年間合計
4	牛肉	1,435	1,442	1,456	1,512	1,488	1,427	8,760	26.9%		17,526
5	鶏肉	1,486	1,480	1,560	1,447	1,445	1,475	8,893	27.3%		18,539
6	豚肉	1,421	1,422	1,449	1,387	1,402	1,411	8,492	26.1%		15,370
7	その他	1,035	951	825	1,280	1,253	1,048	6,392	19.6%		13,884
8	合計	5,377	5,295	5,290	5,626	5,588	5,361	32,537	100.0%		65,319
9											

`<` `>` 上期 下期 +

①シートが「上期」「下期」と並ぶように、シートを移動しましょう。

HINT シートを移動するには、移動するシートのシート見出しを移動先にドラッグします。

学習ガイド

②シート「上期」とシート「下期」をグループに設定しましょう。

③ グループに設定した2枚のシートに次の操作を一括して行いましょう。

●セル【A1】にセルのスタイル「タイトル」を設定する
●セル【I2】に「単位：千円」と入力し、右揃えにする
●セル範囲【A3:I3】とセル【A8】を中央揃えにし、「白、背景1、黒+基本色15%」の塗りつぶしを設定する
●セル範囲【B8:G8】とセル範囲【H4:H8】に「合計」を求める
●セル範囲【I4:I8】に「構成比」を求める
●セル範囲【B4:H8】に3桁区切りカンマを付ける
●セル範囲【I4:I8】の数値を小数第1位までのパーセントで表示

④ グループを解除しましょう。

⑤ シート「下期」のセル【K3】に「年間合計」と入力しましょう。
　次に、セル範囲【H3:H8】の書式をセル範囲【K3:K8】にコピーしましょう。

学習ガイド

⑥ シート「下期」のセル【K4】に牛肉の売上実績の年間合計を求めましょう。
　次に、数式をセル範囲【K5:K8】にコピーしましょう。

(HINT) 「年間合計」は、「上期の合計＋下期の合計」で求めます。

⑦ シート「下期」のJ列の列幅を「2」に設定しましょう。

⑧ シート「上期」と「下期」に次のようにページを設定し、表を印刷しましょう。

用紙サイズ ：A4
印刷の向き：横

(HINT) シート「上期」とシート「下期」をグループに設定してからページを設定します。

※印刷が終了したら、グループを解除しておきましょう。

※ブックに「Lesson36完成」と名前を付けて、フォルダー「Excel編」に保存し、閉じておきましょう。

OPEN
フォルダー「Excel編」
E Lesson37

あなたは、スーパーの和菓子部門の催事の担当です。催事で販売した串団子の売上状況をまとめているところです。
完成図のような表とグラフを作成しましょう。

●完成図

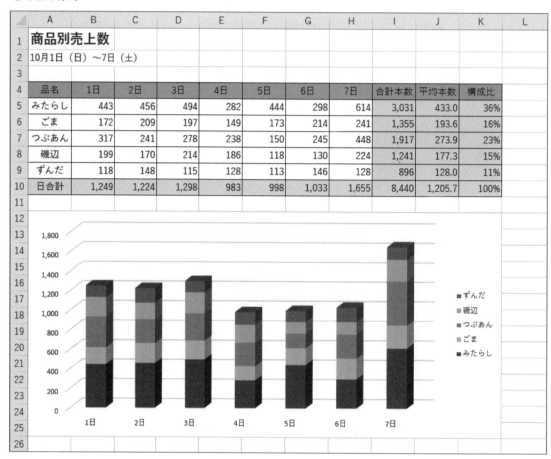

	A	B	C	D	E	F	G	H	I	J	K
1	商品別売上数										
2	10月1日（日）〜7日（土）										
3											
4	品名	1日	2日	3日	4日	5日	6日	7日	合計本数	平均本数	構成比
5	みたらし	443	456	494	282	444	298	614	3,031	433.0	36%
6	ごま	172	209	197	149	173	214	241	1,355	193.6	16%
7	つぶあん	317	241	278	238	150	245	448	1,917	273.9	23%
8	磯辺	199	170	214	186	118	130	224	1,241	177.3	15%
9	ずんだ	118	148	115	128	113	146	128	896	128.0	11%
10	日合計	1,249	1,224	1,298	983	998	1,033	1,655	8,440	1,205.7	100%

① セル範囲【A4:K4】とセル範囲【A5:A10】の文字列を中央揃えにしましょう。

② セル範囲【A4:K4】に「緑、アクセント6、白+基本色40%」、セル範囲【I5:K10】とセル範囲【A10:H10】に「緑、アクセント6、白+基本色80%」の塗りつぶしを設定しましょう。

③ セル範囲【B10:H10】とセル範囲【I5:I10】に「合計」を求めましょう。

④ セル【J5】に「みたらし」の「平均本数」を求めましょう。
次に、セル【J5】の数式をセル範囲【J6:J10】にコピーしましょう。

⑤ セル【K5】に「みたらし」の「構成比」を求めましょう。
次に、セル【K5】の数式をセル範囲【K6:K10】にコピーしましょう。

⑥ セル範囲【B5:J10】の数値に3桁区切りカンマを付けましょう。
次に、セル範囲【J5:J10】の数値を小数第1位まで表示しましょう。

⑦ セル範囲【K5:K10】の数値がパーセントで表示されるように設定しましょう。

⑧ セル範囲【A4:H9】をもとに、商品別の売上を表す3-D積み上げ縦棒グラフを
作成しましょう。

⑨ グラフにレイアウト「レイアウト8」を適用しましょう。

(HINT) グラフ全体のレイアウトを変更するには、《グラフのデザイン》タブ→《グラフのレイア
ウト》グループの [クイックレイアウト] (クイックレイアウト) を使います。

⑩ 完成図を参考に、グラフの位置とサイズを調整しましょう。

⑪ 次のようにページを設定し、表とグラフを印刷しましょう。

用紙サイズ	：A4
印刷の向き	：縦
拡大縮小印刷	：80%

※ブックに「Lesson37完成」と名前を付けて、フォルダー「Excel編」に保存し、閉じておきましょう。

標準解答

OPEN
フォルダー「Excel編」
E Lesson38

あなたは、お中元シーズンに向けて、「夏のごちそうお取り寄せ　申込書」の記入サンプルを作成しています。
完成図のような表を作成しましょう。

●完成図

	A	B	C	D	E	F	G
1		夏のごちそうお取り寄せ　申込書					
2							
3	■申込者						
4	氏名	高橋　敦	電話番号	03-XXXX-XXXX			
5	住所	〒154-XXXX　東京都世田谷区世田谷X-X-X	携帯電話	090-XXXX-XXXX			
6							
7	■申込明細						
8	No.	品名	定価	斡旋価格	申込数量	金額	
9	1	静岡県産　マスクメロン　大玉1個	8,000	6,400	1	6,400	
10	2	宮城県産　マンゴー　4L2個	10,000	8,000	2	16,000	
11	3	千葉県産　びわ　1kg詰め合わせ	5,000	4,000	1	4,000	
12	4	山梨県産　桃　1kg詰め合わせ	4,500	3,600	1	3,600	
13	5	熊本産　すいか　大玉1個	3,800	3,000	2	6,000	
14	6	高知県産　フルーツトマト　2kg詰め合わせ	4,800	3,800	3	11,400	
15	【備考】		小計		10	47,400	
16			消費税	8%		3,792	
17			総計			51,192	
18							

① セル範囲【A1:F1】を結合し、セルの中央に文字列を配置しましょう。

② セル【A1】のタイトルに次の書式を設定しましょう。

> フォントサイズ　　：22ポイント
> 塗りつぶしの色：緑、アクセント6、黒＋基本色25%
> フォントの色　　　：白、背景1
> 太字

③ セル範囲【A4:F5】とセル範囲【A8:F17】に格子線を引きましょう。
　次に、同じセル範囲に太い外枠を引きましょう。

HINT 罫線で太い外枠を引くには、《ホーム》タブ→《フォント》グループの 田 (格子) の をクリック→《太い外枠》を使います。

④セル範囲【C15:C17】とセル範囲【D15:D17】の間にある罫線を削除しましょう。

	A	B		C	D	E	F	G
13	5	熊本産　すいか　大玉1個		3800	3000	2		
14	6	高知県産　フルーツトマト　2kg詰め合わせ		4800	3800	3		
15	【備考】			小計				
16				消費税	8%			
17				総計				
18								

⑤セル範囲【A4:A5】、セル範囲【C4:C5】、セル範囲【A8:F8】、セル範囲【C15: D17】に次の書式を設定しましょう。

> 塗りつぶしの色：薄い緑
> 中央揃え

⑥セル範囲【D4:F4】、セル範囲【D5:F5】、セル範囲【A15:B17】、セル範囲【E16: F16】、セル範囲【E17:F17】をそれぞれ結合しましょう。

⑦セル【A15】の「【備考】」をセル内の左上に配置しましょう。

⑧セル【F9】に「静岡県産　マスクメロン　大玉1個」の「金額」を求めましょう。
次に、セル【F9】の数式をセル範囲【F10:F14】にコピーしましょう。

(HINT) 「金額」は「斡旋価格×申込数量」で求めます。

⑨セル【E15】に「申込数量」の「小計」を求めましょう。
次に、セル【E15】の数式をセル【F15】にコピーしましょう。
※書式がコピーされないようにしましょう。

⑩セル【E16】に「消費税」を求めましょう。

(HINT) 「消費税」は「小計×消費税率」で求めます。

⑪セル【E17】に「総計」を求めましょう。

(HINT) 「総計」は「小計＋消費税」で求めます。

⑫セル範囲【C9:F14】とセル範囲【E15:F17】の数値に3桁区切りカンマを付けましょう。

⑬次のようにページを設定し、表を印刷しましょう。

> 用紙サイズ　　：A4
> 印刷の向き　　：横
> 拡大縮小印刷：105%

※ブックに「Lesson38完成」と名前を付けて、フォルダー「Excel編」に保存し、閉じておきましょう。

標準解答

Lesson 39 ゴルフスコア表を作成しよう

OPEN
フォルダー「Excel編」
E Lesson39

あなたは、趣味のゴルフのスコアを記録することにしました。
完成図のような表を作成しましょう。

●完成図

	A	B	C	D	E	F	G
1			ゴルフスコア表				
2							
3	プレイ日：	2023/9/9					
4	ゴルフ場：	FOMゴールデンカントリー倶楽部					
5	メンバー：	佐野さん					
6		田島さん					
7		太田さん					
8	SCORE：	TOTAL	105				
9		HDCP	10				
10		NET	95				
11							
12	OUT：						
13	No.	PAR	YARD	SCORE	PUTT	コメント	
14	1番	4	361	7	4		
15	2番	5	474	9	3	新しいボールだったのに、池ポチャでなくなってしまった。	
16	3番	3	146	3	2		
17	4番	4	339	5	2		
18	5番	4	390	15	3	バンカーで5回もたたいてしまった。	
19	6番	4	318	5	2		
20	7番	5	529	10	3	ロストボール。右手の林から見つけられない。	
21	8番	3	173	5	4		
22	9番	4	375	5	2		
23	計	36	3105	64	25	天気はよかったが、午前中は散々な結果だった。	
24							
25	IN：						
26	No.	PAR	YARD	SCORE	PUTT	コメント	
27	10番	4	400	6	3		
28	11番	4	319	4	2		
29	12番	3	153	2	1	5cmの差でホールインワンを逃した。	
30	13番	5	486	5	3		
31	14番	4	345	7	3		
32	15番	4	329	5	2		
33	16番	3	176	3	1		
34	17番	5	495	5	2		
35	18番	4	394	4	2		
36	計	36	3097	41	19	フォームを見直したからか、午後は調子がよかった。	
37							

① セル範囲【B8:C10】とセル範囲【A13:F23】に格子線を引きましょう。

② F列の列の幅を自動調整し、最適な列の幅に変更しましょう。

③ セル範囲【A1:F1】を結合し、セルの中央に文字列を配置しましょう。

④ セル【A1】のタイトルに次の書式を設定しましょう。

> フォントサイズ　：18ポイント
> 塗りつぶしの色：緑、アクセント6、白＋基本色40％
> 太字

⑤ セル範囲【B8:B10】とセル範囲【A13:F13】に「緑、アクセント6、白＋基本色40％」、セル範囲【A23:F23】に「緑、アクセント6、白＋基本色80％」の塗りつぶしを設定しましょう。

⑥ セル範囲【A13:F13】とセル範囲【A14:A23】の文字列を中央揃えにしましょう。

⑦ セル【B23】に「PAR」の合計を求めましょう。
次に、セル【B23】の数式をセル範囲【C23:E23】にコピーしましょう。

⑧ セル範囲【A13:F23】をコピーし、セル【A26】を開始位置として貼り付けましょう。

⑨ セル範囲【A27:F35】とセル【F36】のデータを削除しましょう。

⑩ 次のようにデータを入力しましょう。

	A	B	C	D	E	F
25	IN：					
26	No.	PAR	YARD	SCORE	PUTT	コメント
27	10番	4	400	6	3	
28	11番	4	319	4	2	
29	12番	3	153	2	1	5cmの差でホールインワンを逃した。
30	13番	5	486	5	3	
31	14番	4	345	7	3	
32	15番	4	329	5	2	
33	16番	3	176	3	1	
34	17番	5	495	5	2	
35	18番	4	394	4	2	
36	計	36	3097	41	19	フォームを見直したからか、午後は調子がよかった。
37						

(HINT) 「11番」から「18番」の入力は、オートフィルを使うと効率的です。

⑪ セル【C8】に「SCORE」の「TOTAL」を求めましょう。

(HINT) 「TOTAL」は「OUTのSCORE計＋INのSCORE計」で求めます。

⑫ セル【C10】に「SCORE」の「NET」を求めましょう。

(HINT) 「NET」は「TOTAL－HDCP」で求めます。

※ブックに「Lesson39完成」と名前を付けて、フォルダー「Excel編」に保存し、閉じておきましょう。

標準解答

OPEN
フォルダー「Excel編」
E Lesson40

あなたは、子どもの調べ学習の手伝いをしています。選挙の投票状況を調べる
だけでなく、投票率を計算して、グラフにすることにしました。
完成図のような表とグラフを作成しましょう。

●完成図

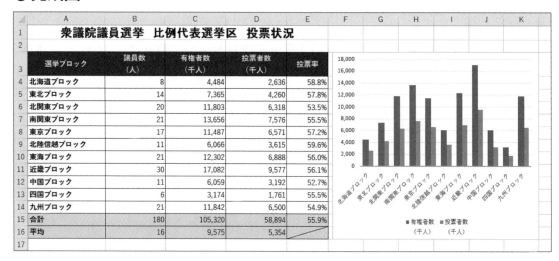

① 「南関東ブロック」と「北陸信越ブロック」の間に1行挿入しましょう。

次に、挿入した行に次のデータを入力しましょう。

セル【A8】 ：東京ブロック	セル【C8】：11487
セル【B8】 ：17	セル【D8】：6571

② セル【E4】に「北海道ブロック」の「投票率」を求めましょう。

次に、セル【E4】の数式をセル範囲【E5:E15】にコピーしましょう。

※書式がコピーされないようにしましょう。

(HINT) 「投票率」は「投票者数÷有権者数」で求めます。

③ セル範囲【E4:E15】の数値が小数第1位までのパーセントで表示されるように
設定しましょう。

④ セル範囲【A3:A14】とセル範囲【C3:D14】をもとに、ブロックごとの有権者数
と投票者数を比較する縦棒グラフを作成しましょう。
次に、完成図を参考に、グラフの位置とサイズを調整しましょう。

⑤ グラフにスタイル「**スタイル13**」を適用しましょう。

⑥ グラフタイトルを削除しましょう。

※ブックに「Lesson40完成」と名前を付けて、フォルダー「Excel編」に保存し、閉じておきましょう。

入会者数推移グラフを作成しよう

標準解答

OPEN
フォルダー「Excel編」
E Lesson41

あなたは、ヨガスタジオの各店舗の入会者数をまとめ、1年間の推移を見たいと考えています。
完成図のようなグラフを作成しましょう。

●完成図

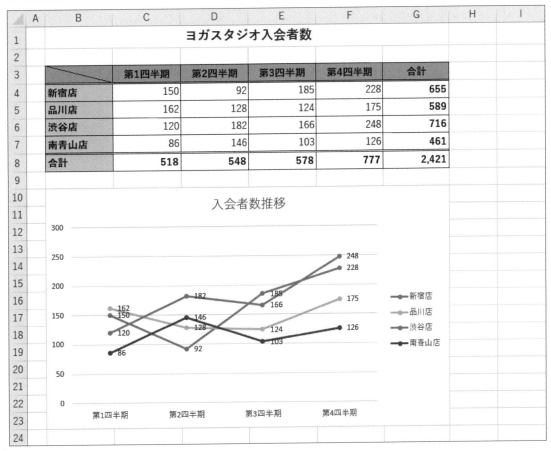

① セル範囲【B3:F7】をもとに、入会者数の推移を表すマーカー付き折れ線グラフを作成しましょう。
   次に、完成図を参考に、グラフの位置とサイズを調整しましょう。

② グラフにレイアウト「レイアウト9」を適用しましょう。

③ グラフに色「カラフルなパレット3」を適用しましょう。

(HINT) グラフの色をまとめて変更するには、《グラフのデザイン》タブ→《グラフスタイル》グループの ⬚ (グラフクイックカラー) を使います。

④ グラフタイトルを「入会者数推移」に変更しましょう。

⑤ グラフだけを印刷しましょう。

※ブックに「Lesson41完成」と名前を付けて、フォルダー「Excel編」に保存し、閉じておきましょう。

標準解答

OPEN
フォルダー「Excel編」
E Lesson42

あなたは、ハンドメイドの雑貨の売上傾向を見るために、カテゴリ別に売上をまとめています。
完成図のようなグラフを作成しましょう。

●完成図

シート「売上グラフ」

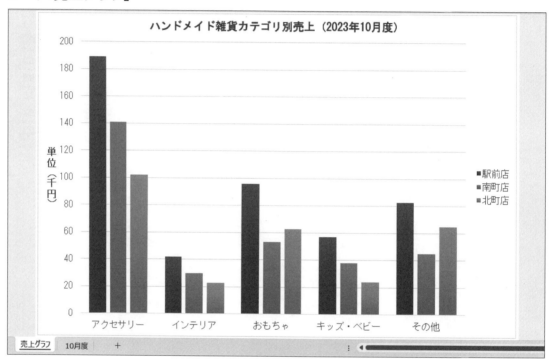

① セル範囲【B3:G6】をもとに、カテゴリ別の売上を表す2-D集合縦棒グラフを作成しましょう。

② グラフを新しいシート「**売上グラフ**」に移動しましょう。

③ グラフにスタイル「**スタイル6**」を適用しましょう。

④ グラフタイトルを「**ハンドメイド雑貨カテゴリ別売上（2023年10月度）**」に変更しましょう。

⑤ グラフエリアのフォントを「**MSゴシック**」、フォントサイズを14ポイントに設定しましょう。

⑥ 完成図を参考に、凡例の位置を変更しましょう。

⑦ 完成図を参考に、軸ラベル「**単位（千円）**」を表示しましょう。

※ブックに「**Lesson42完成**」と名前を付けて、フォルダー「Excel編」に保存し、閉じておきましょう。

標準解答

Lesson 43 順位変動グラフを作成しよう

OPEN
フォルダー「Excel編」
E Lesson43

あなたは、毎週バスケットリーグの順位を記録しています。年内の結果が出たところで、順位の変動をグラフにして確認したいと考えています。
完成図のようなグラフを作成しましょう。

●完成図

① セル範囲【A3:N10】をもとに、順位の推移を表すマーカー付き折れ線グラフを作成しましょう。
次に、完成図を参考に、グラフの位置とサイズを調整しましょう。

② グラフにスタイル「スタイル11」を適用しましょう。

③ グラフタイトルを「順位変動グラフ」に変更しましょう。

④ 完成図を参考に、凡例の位置を変更しましょう。

⑤ 縦(値)軸の値が上から「0」「1」「2…」と表示されるように反転し、縦(値)軸の目盛を次のように設定しましょう。

最小値 ：1	最大値 ：7	主軸の単位 ：1

(HINT) 縦(値)軸を右クリック→《軸の書式設定》→《軸のオプション》を使います。

⑥ 「ブレーブス」の折れ線の色を「濃い赤」、太さを「2.25pt」に設定しましょう。

※ブックに「Lesson43完成」と名前を付けて、フォルダー「Excel編」に保存し、閉じておきましょう。

Lesson 44　健康管理表と健康管理グラフを作成しよう

標準解答

OPEN

フォルダー「Excel編」

E Lesson44

あなたは、健康管理のため、毎日の体重と血圧を計測して記録することにしました。完成図のような表とグラフを作成しましょう。

●完成図

シート「健康管理表」

	A	B	C	D	E	F	G
1	健康管理表（7月）						
2							
3	身長	165	cm				
4	標準体重	59.9	kg				
5							
6	日付	体重	標準体重との差	BMI	最高血圧	最低血圧	
7	1日	67.0	7.1	24.6	120	80	
8	2日	66.3	6.4	24.4	123	71	
9	3日	66.6	6.7	24.5	120	72	
10	4日	66.9	7.0	24.6	121	73	
11	5日	67.2	7.3	24.7	130	74	
12	6日	67.2	7.3	24.7	133	65	
13	7日	67.3	7.4	24.7	129	76	
14	8日	67.3	7.4	24.7	133	77	
15	9日	68.0	8.1	25.0	135	77	
16	10日	68.1	8.2	25.0	137	78	
17	11日	68.0	8.1	25.0	139	77	
18	12日	67.7	7.8	24.9	141	78	
19	13日	68.0	8.1	25.0	143	79	
20	14日	67.3	7.4	24.7	138	80	
21	15日	67.3	7.4	24.7	140	80	
22	16日	68.2	8.3	25.1	128	79	
23	17日	68.6	8.7	25.2	129	81	
24	18日	67.3	7.4	24.7	126	78	
25	19日	67.2	7.3	24.7	123	80	
26	20日	66.9	7.0	24.6	121	79	
27	21日	66.9	7.0	24.6	128	78	
28	22日	67.0	7.1	24.6	124	78	
29	23日	67.2	7.3	24.7	135	72	
30	24日	67.4	7.5	24.8	133	72	
31	25日	67.6	7.7	24.8	117	73	
32	26日	67.8	7.9	24.9	125	74	
33	27日	67.5	7.6	24.8	134	77	
34	28日	67.0	7.1	24.6	129	75	
35	29日	66.5	6.6	24.4	135	72	
36	30日	66.0	6.1	24.2	141	78	
37	31日	66.2	6.3	24.3	133	73	
38	平均値	67.3	7.4	24.7	130	76	
39	最大値	68.6	8.7	25.2	143	81	
40	最小値	66.0	6.1	24.2	117	65	
41							

< 　 >　　体重推移　　血圧推移　　健康管理表　　　+

93

シート「体重推移」

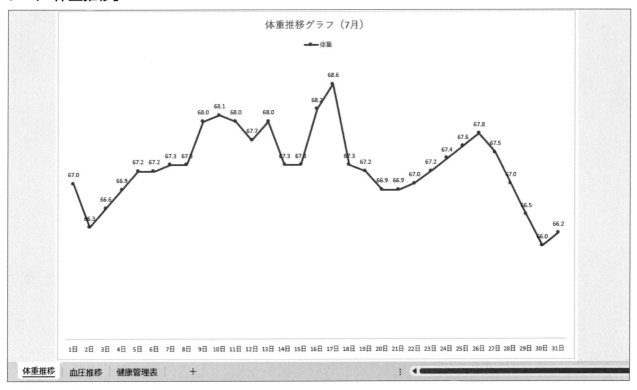

シート「血圧推移」

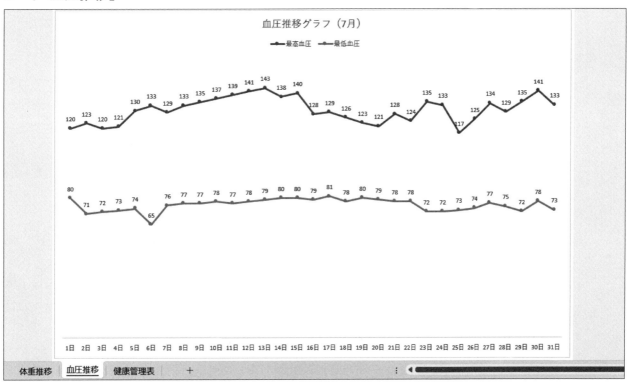

① セル【B4】に標準体重を求めましょう。

(HINT) 「標準体重」は「身長m×身長m×22」で求めます。
身長の単位「cm」を「m」に置き換えて、数式を入力します。

② セル【C7】に「1日」の「標準体重との差」を求めましょう。
次に、セル【C7】の数式をセル範囲【C8:C37】にコピーしましょう。

(HINT) 「標準体重との差」は「当日の体重−標準体重」で求めます。

③ セル【D7】に「1日」の「BMI」を求めましょう。
次に、セル【D7】の数式をセル範囲【D8:D37】にコピーしましょう。

(HINT) 「BMI」は「体重÷（身長m×身長m）」で求めます。

④ セル【B38】に「体重」の「平均値」、セル【B39】に「最大値」、セル【B40】に「最小値」を求めましょう。
次に、セル範囲【B38:B40】の数式をセル範囲【C38:F40】にコピーしましょう。

(HINT) 平均値、最大値、最小値を求めるには、《ホーム》タブ→《編集》グループの Σ･ （合計）を使います。

⑤ セル【B4】とセル範囲【B7:D40】の数値が小数第1位まで表示されるように設定しましょう。

⑥ セル範囲【E38:F40】の数値が整数で表示されるように設定しましょう。

⑦ セル範囲【A6:B37】をもとに、体重の推移を表すマーカー付き折れ線グラフを新しいシートに作成しましょう。シート名は「体重推移」にします。

⑧ グラフにレイアウト「レイアウト2」を適用しましょう。

⑨ グラフタイトルを「体重推移グラフ（7月）」に変更しましょう。

⑩ データラベルの配置を上に変更しましょう。

⑪ シート「健康管理表」のセル範囲【A6:A37】とセル範囲【E6:F37】をもとに、最高血圧と最低血圧の推移を表すマーカー付き折れ線グラフを新しいシートに作成しましょう。シート名は「血圧推移」にします。

⑫ グラフにレイアウト「レイアウト2」を適用しましょう。

⑬ グラフタイトルを「血圧推移グラフ（7月）」に変更しましょう。

⑭ データラベルの配置を上に変更しましょう。

※ブックに「Lesson44完成」と名前を付けて、フォルダー「Excel編」に保存し、閉じておきましょう。

Lesson 45 店舗データベースを操作しよう

標準解答

OPEN
フォルダー「Excel編」
E Lesson45

あなたは、リラクゼーション店舗のデータベースを使って、所在地や利用するジャンルに応じて店舗の検索をしています。
次のようにデータベースを操作しましょう。

▶「住所1」が「神奈川県」のレコードを抽出、さらに「ジャンル」が「カイロプラクティック」のレコードに絞り込み

	A B	C	D	E	F	G	H	I	J
1				癒しのお店リスト					
2									
3	N▾	店舗名 ▾	ジャンル ▾	郵便番▾	住所1▾	住所2 ▾	電話番号 ▾	定休▾	
6	3	足もみ～横浜店	カイロプラクティック	223-0061	神奈川県	横浜市港北区日吉X-X-X	045-331-XXXX	火	
19	16	日入整骨院	カイロプラクティック	220-0011	神奈川県	横浜市西区高島X-X-X	045-535-XXXX	木	
31	28	リラックスハウス・バウ	カイロプラクティック	236-0028	神奈川県	横浜市金沢区洲崎町X-X-X	045-772-XXXX	月	
34									

▶「店舗名」に「整骨」または「整体」が含まれるレコードを抽出

	A B	C	D	E	F	G	H	I	J
1				癒しのお店リスト					
2									
3	N▾	店舗名 ▾	ジャンル ▾	郵便番▾	住所1▾	住所2 ▾	電話番号 ▾	定休▾	
15	12	整体院バランス	カイロプラクティック	150-0013	東京都	渋谷区恵比寿X-X-X	03-3554-XXXX	なし	
17	14	千代田整骨院	カイロプラクティック	100-0005	東京都	千代田区丸の内X-X-X	03-3311-XXXX	水	
19	16	日入整骨院	カイロプラクティック	220-0011	神奈川県	横浜市西区高島X-X-X	045-535-XXXX	木	
26	23	文京整体院	カイロプラクティック	151-0073	東京都	渋谷区笹塚X-X-X	03-3378-XXXX	火	
34									

① 「住所1」を基準に五十音順（あ→ん）に並べ替えましょう。

② 「No.」順にレコードを並べ替えましょう。

学習ガイド

③ フィルターを使って、「住所1」が「神奈川県」のレコードを抽出しましょう。
さらに、「ジャンル」が「カイロプラクティック」のレコードに絞り込みましょう。

④ フィルターの条件をすべてクリアしましょう。

⑤ 「店舗名」に「整骨」または「整体」が含まれるレコードを抽出しましょう。

HINT 指定した値を含む条件を指定するには、《テキストフィルター》を使います。また、複数の条件のどちらか一方を満たすという条件を指定する場合は、《OR》を使います。

⑥ フィルターモードを解除しましょう。

※ブックを保存せずに、閉じておきましょう。

Lesson 46 労働力調査表を操作しよう

標準解答

OPEN
フォルダー「Excel編」
E Lesson46

あなたは、総務省統計局の労働力調査結果をもとにデータベースを作成しています。
次のようにデータベースを操作しましょう。

●完成図

No.	都道府県名	地域	労働力人口 （千人）	就業者 （千人）	完全失業者 （千人）	完全失業率 （％）
	都道府県別労働力調査（モデル推計値）				2023年1月～3月期	
1	北　海　道	北海道	2,679	2,611	69	2.6
2	青　　　森	東　　北	626	608	19	3.0
3	岩　　　手	東　　北	626	608	17	2.7
4	宮　　　城	東　　北	1,244	1,207	37	3.0
5	秋　　　田	東　　北	465	451	14	3.0
6	山　　　形	東　　北	576	564	12	2.1
7	福　　　島	東　　北	960	937	24	2.5
8	茨　　　城	北関東	1,523	1,487	37	2.4
9	栃　　　木	北関東	1,042	1,020	22	2.1
10	群　　　馬	北関東	1,032	1,012	20	1.9
11	埼　　　玉	南関東	4,104	3,990	113	2.8
12	千　　　葉	南関東	3,473	3,388	84	2.4
13	東　　　京	南関東	8,503	8,281	222	2.6
14	神　奈　川	南関東	5,123	4,973	151	2.9
15	新　　　潟	北　　陸	1,154	1,125	29	2.5
16	富　　　山	北　　陸	560	549	11	2.0
17	石　　　川	北　　陸	616	602	14	2.3
18	福　　　井	北　　陸	401	395	7	1.7
19	山　　　梨	甲　　信	447	440	8	1.8
20	長　　　野	甲　　信	1,097	1,073	24	2.2
21	岐　　　阜	東　　海	1,122	1,102	20	1.8
22	静　　　岡	東　　海	2,004	1,957	46	2.3
23	愛　　　知	東　　海	4,346	4,257	89	2.0
24	三　　　重	東　　海	949	932	17	1.8
25	滋　　　賀	近　　畿	774	758	16	2.1
26	京　　　都	近　　畿	1,371	1,337	35	2.6
27	大　　阪	近　　畿	4,781	4,606	175	3.7
41	佐　　　賀	九　　州	449	443	6	1.3
42	長　　　崎	九　　州	662	650	12	1.8
43	熊　　　本	九　　州	930	907	23	2.5
44	大　　　分	九　　州	586	573	13	2.2
45	宮　　　崎	九　　州	542	532	10	1.8
46	鹿　児　島	九　　州	796	782	14	1.8
47	沖　　　縄	九　　州	783	756	27	3.4

出典：「2023年労働力調査結果」（総務省統計局）

97

▶「完全失業率」が高いレコード3件を抽出

	No.	都道府県名	地域	労働力人口 (千人)	就業者 (千人)	完全失業者 (千人)	完全失業率 (%)	
1	都道府県別労働力調査（モデル推計値）						2023年1月〜3月期	
2								
3	No.	都道府県名	地域	労働力人口 (千人)	就業者 (千人)	完全失業者 (千人)	完全失業率 (%)	
5	2	青 森	東 北	626	608	19	3.0	
30	27	大 阪	近 畿	4,781	4,606	175	3.7	
50	47	沖 縄	九 州	783	756	27	3.4	
51								

▶「労働力人口」が多い10%のレコードを抽出

	No.	都道府県名	地域	労働力人口 (千人)	就業者 (千人)	完全失業者 (千人)	完全失業率 (%)	
1	都道府県別労働力調査（モデル推計値）						2023年1月〜3月期	
2								
3	No.	都道府県名	地域	労働力人口 (千人)	就業者 (千人)	完全失業者 (千人)	完全失業率 (%)	
16	13	東 京	南関東	8,503	8,281	222	2.6	
17	14	神 奈 川	南関東	5,123	4,973	151	2.9	
26	23	愛 知	東 海	4,346	4,257	89	2.0	
30	27	大 阪	近 畿	4,781	4,606	175	3.7	
51								

① 1〜3行目を固定し、表の最終行を表示しましょう。

② 「完全失業率」が高い順にレコードを並べ替えましょう。

③ 「No.」順にレコードを並べ替えましょう。

④ フィルターを使って、「完全失業率」が高いレコード3件を抽出しましょう。

(HINT) 上位〇件を抽出する場合は、《数値フィルター》の《トップテン》を使います。

⑤ 「完全失業率」の条件をクリアしましょう。

⑥ フィルターを使って、「労働力人口」が多い10%のレコードを抽出しましょう。

⑦ フィルターモードを解除しましょう。

※ブックに「Lesson46完成」と名前を付けて、フォルダー「Excel編」に保存し、閉じておきましょう。

標準解答

Lesson 47 施設データベースを操作しよう

OPEN
フォルダー「Excel編」
E Lesson47

あなたは、城北地区の介護施設のデータベースを使って、条件に合う施設を探しています。
次のようにデータベースを操作しましょう。

●完成図

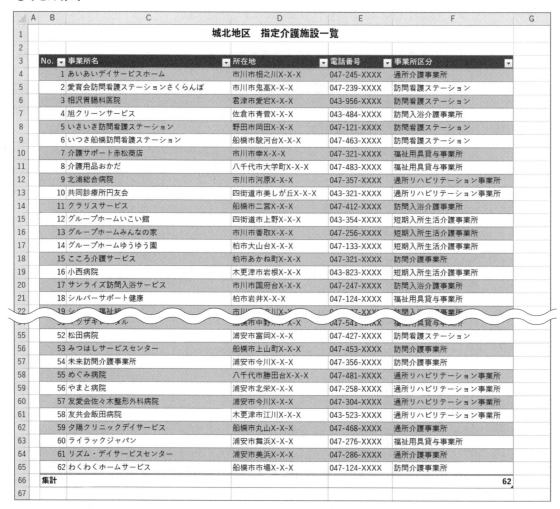

▶「事業所区分」が「訪問看護ステーション」のレコードを抽出

▶「事業所名」に「病院」または「医院」を含むレコードを抽出

	No.	事業所名	所在地	電話番号	事業所区分	
6	3	相沢胃腸科医院	君津市愛宕X-X-X	043-956-XXXX	訪問看護ステーション	
12	9	北浦総合病院	市川市河原X-X-X	047-357-XXXX	通所リハビリテーション事業所	
19	16	小西病院	木更津市岩根X-X-X	043-823-XXXX	短期入所生活介護事業所	
24	21	鈴木医院通所介護所	市川市河原X-X-X	047-368-XXXX	通所介護事業所	
26	23	たつみ内科胃腸科循環器科医院	船橋市丸山X-X-X	047-475-XXXX	短期入所生活介護事業所	
37	34	堂本病院	市川市大野町X-X-X	047-367-XXXX	短期入所生活介護事業所	
41	38	羽根胃腸科医院	木更津市江川X-X-X	043-825-XXXX	通所リハビリテーション事業所	
55	52	松田病院	浦安市富岡X-X-X	047-427-XXXX	訪問看護ステーション	
58	55	めぐみ病院	八千代市勝田台X-X-X	047-481-XXXX	通所リハビリテーション事業所	
59	56	やまと病院	浦安市北栄X-X-X	047-258-XXXX	通所リハビリテーション事業所	
60	57	友愛会佐々木整形外科病院	浦安市今川X-X-X	047-304-XXXX	通所リハビリテーション事業所	
61	58	友共会飯田病院	木更津市江川X-X-X	043-523-XXXX	通所リハビリテーション事業所	
66	集計					12

▶「所在地」が「市川市」のレコードを抽出、さらに「事業所区分」に「訪問」を含む レコードに絞り込み

	No.	事業所名	所在地	電話番号	事業所区分	
5	2	愛育会訪問看護ステーションさくらんぼ	市川市鬼高X-X-X	047-239-XXXX	訪問看護ステーション	
20	17	サンライズ訪問入浴サービス	市川市国府台X-X-X	047-247-XXXX	訪問入浴介護事業所	
22	19	シルバー福祉組合	市川市相之川X-X-X	047-327-XXXX	訪問入浴介護事業所	
27	24	たなか訪問入浴サービス	市川市塩浜X-X-X	047-358-XXXX	訪問入浴介護事業所	
46	43	ヘルパーステーション平安	市川市大野町X-X-X	047-255-XXXX	訪問介護事業所	
66	集計					5

学習ガイド

① セル範囲【B3:F65】をテーブルに変換しましょう。先頭行をテーブルの見出し として使用します。

② テーブルの最終行に集計行を表示し、「事業所区分」のデータの個数を表示しま しょう。

HINT 集計行を表示するには、《テーブルデザイン》タブ→《テーブルスタイルのオプション》 グループの《集計行》を ✔ にします。

③ 「事業所区分」が「訪問看護ステーション」のレコードを抽出しましょう。

④ 「事業所区分」の条件をクリアしましょう。

⑤ 「事業所名」に「病院」または「医院」を含むレコードを抽出しましょう。

⑥ 「事業所名」の条件をクリアしましょう。

⑦ 「所在地」が「市川市」のレコードを抽出しましょう。 さらに、「事業所区分」に「訪問」を含むレコードに絞り込みましょう。

⑧ フィルターの条件をすべてクリアしましょう。

※ブックに「Lesson47完成」と名前を付けて、フォルダー「Excel編」に保存し、閉じておきましょう。

会員データベースを操作しよう

標準解答

OPEN
フォルダー「Excel編」
E Lesson48

あなたは、会員データベースを使って、条件に合う会員の情報を抽出しています。次のようにデータベースを操作しましょう。

●完成図

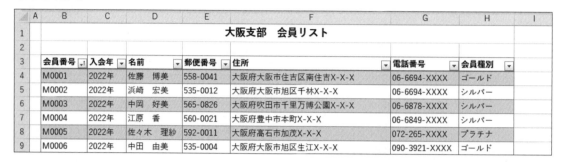

▶「入会年」が「2023年」のレコードを抽出、さらに「会員種別」が「プラチナ」のレコードに絞り込み

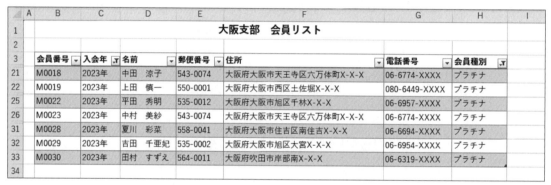

① セル範囲【B3:H33】をテーブルに変換しましょう。先頭行をテーブルの見出しとして使用します。

② テーブルにテーブルスタイル「薄い緑, テーブルスタイル (淡色) 21」を適用しましょう。

HINT テーブルスタイルを適用するには、《テーブルデザイン》タブ→《テーブルスタイル》グループを使います。

③「入会年」が「2023年」のレコードを抽出しましょう。
さらに、「会員種別」が「プラチナ」のレコードに絞り込みましょう。

④ フィルターの条件をすべてクリアしましょう。

学習ガイド

⑤「会員種別」を基準に「プラチナ」「ゴールド」「シルバー」の順番にレコードを並べ替えましょう。

⑥「会員番号」順にレコードを並べ替えましょう。

※ブックに「Lesson48完成」と名前を付けて、フォルダー「Excel編」に保存し、閉じておきましょう。

Word・Excel
連携編

Excelで作成したデータをWord文書で利用する
練習問題です。
Lesson49〜50まで全2問を用意しています。

OPEN

フォルダー「連携編」
E Lesson49

あなたは、講演会の事前調査として、政策課題に関するアンケートをまとめています。

完成図のようなグラフを取り入れた文書を作成しましょう。

●完成図（文書「Lesson49完成」）

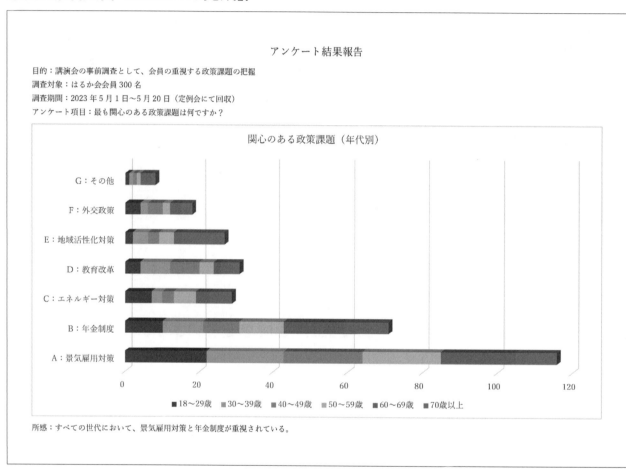

●完成図（ブック「Lesson49完成」）

▶シート「政策課題-グラフ」

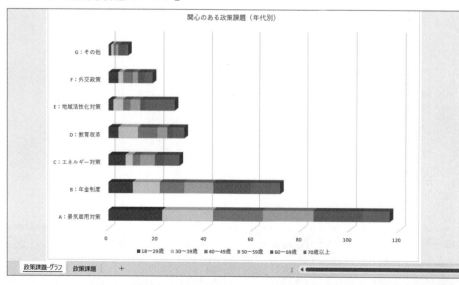

① ブック「Lesson49」のセル範囲【B3:H10】をもとに、関心のある政策課題を年代別に表す3-D積み上げ横棒グラフを作成しましょう。
次に、グラフを新しいシート「政策課題-グラフ」に移動しましょう。

※「-」は半角で入力します。

② グラフタイトルを「関心のある政策課題（年代別）」に変更しましょう。

③ グラフエリアのフォントサイズを11ポイントに設定しましょう。

④ 新しい文書を作成し、次のようにページを設定しましょう。

用紙のサイズ：A4
印刷の向き　：横
余白　　　　：上下左右　12mm

⑤ 次のように入力しましょう。

アンケート結果報告↵
目的：講演会の事前調査として、会員の重視する政策課題の把握↵
調査対象：はるか会会員300名↵
調査期間：2023年5月1日～5月20日（定例会にて回収）↵
アンケート項目：最も関心のある政策課題は何ですか？↵
↵
所感：すべての世代において、景気雇用対策と年金制度が重視されている。

※数字は半角で入力します。
※↵で Enter を押して改行します。

⑥ 「アンケート結果報告」に次の書式を設定しましょう。

フォントサイズ：14ポイント
中央揃え

学習ガイド

⑦ 文書に、ブック「Lesson49」のグラフをコピーしましょう。
次に、完成図を参考に、グラフのサイズを調整しましょう。

※文書とブックにそれぞれ「Lesson49完成」と名前を付けて、フォルダー「連携編」に保存し、閉じておきましょう。

標準解答

OPEN
フォルダー「連携編」
E Lesson50
W Lesson50

あなたは、夏期スタートアップキャンペーンの実施報告のため、キャンペーンの一環で行った体験セミナーの実施結果をまとめています。
完成図のような表やグラフを取り入れた文書を作成しましょう。

●完成図（文書「Lesson50完成」）

2023 年 8 月 20 日

福岡営業所

夏期スタートアップキャンペーン実施報告

2023 年度夏期スタートアップキャンペーンについて、下記のとおりご報告いたします。

記

1. キャンペーン期間：2023 年 7 月 20 日～7 月 22 日

2. 実施会場：FLM スクール　福岡校

3. 実施概要：

● Office 2021 系 3 アプリケーションの体験セミナーを実施

● キャンペーン期間中の対象講座受講者に対し、クーポン

● 定期コース（Basic 講座・Advance 講座）への誘導を

4. 体験セミナー実施結果：

セミナー名	受講料	開催回数	定員(回)	受講者
Word 2021 体験	1,000	2	20	33
Excel 2021 体験	1,000	3	20	56
PowerPoint 2021 体験	1,000	2	20	2?

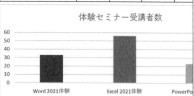

体験セミナー受講者数

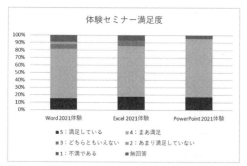

体験セミナー満足度

■5：満足している　　■4：まあ満足
■3：どちらともいえない　■2：あまり満足していない
■1：不満である　　　　■無回答

特記事項

● 「Excel 2021 体験」は、早期に満席となったため日程を追加しました。

● 各体験セミナーとも満足度が高く、ステップアップへの動機づけができたと考えられます。

● キャンペーンの対象講座を受講された方に対して Basic 講座のクーポンを配布し、8 月講座への誘導を行いました（8/19 時点実績：5 名様お申込み）。

以上

●完成図（ブック「Lesson50完成」）

▶シート「開催状況」

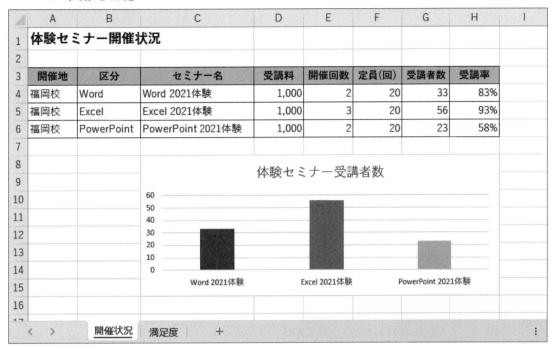

▶シート「満足度」

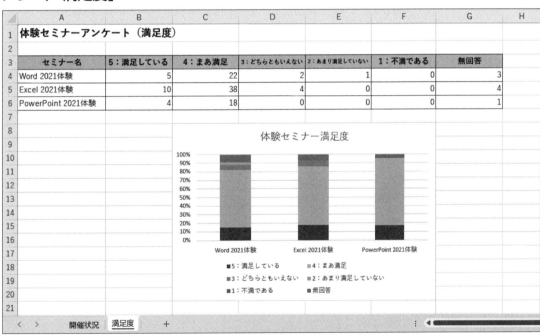

① ブック「Lesson50」のシート「開催状況」のセル【H4】に受講率を求めましょう。
   次に、数式をセル範囲【H5:H6】にコピーしましょう。

(**HINT**) 受講率は、「受講者数÷（定員(回)×開催回数）」で求めます。

② セル範囲【H4:H6】の数値がパーセントで表示されるように設定しましょう。

③ セル範囲【C3:C6】とセル範囲【G3:G6】をもとにセミナーごとの受講者数を表す2-D集合縦棒グラフを作成しましょう。
   次に、完成図を参考に、グラフの位置とサイズを調整しましょう。

④ グラフタイトルを「体験セミナー受講者数」に変更しましょう。

⑤ 「Excel 2021体験」の縦棒の色を「緑、アクセント6」、「PowerPoint 2021体験」の縦棒の色を「オレンジ、アクセント2」に変更しましょう。

> **HINT** 棒グラフの棒の部分をクリックすると、データ系列が選択されます。続けて、特定の棒の部分をクリックすると、データ系列の中のデータ要素がひとつだけ選択されます。

⑥ 完成図を参考に、シート「開催状況」のセル範囲【C3:H6】を、文書「Lesson50」の「4.体験セミナー実施結果:」の下の行に、貼り付け先のスタイルを使用して貼り付けましょう。

⑦ ⑥で貼り付けた表に次の書式を設定しましょう。

> セル内の文字の配置 ：中央揃え
> 表の配置 　　　　 ：中央揃え

⑧ ブック「Lesson50」の③で作成したグラフを、文書「Lesson50」の⑥で貼り付けた表の下の行に、図として貼り付けましょう。
次に、中央揃えで配置しましょう。

⑨ ブック「Lesson50」のシート「満足度」のセル範囲【A3:G6】をもとにセミナーごとの満足度を表す2-D100%積み上げ縦棒グラフを作成しましょう。
次に、完成図を参考に、グラフの位置とサイズを調整しましょう。

> **HINT** セミナーごとのグラフにするには、《グラフのデザイン》タブ→《データ》グループの
> (行/列の切り替え)を使います。

⑩ ⑨で作成したグラフのグラフタイトルを「体験セミナー満足度」に変更しましょう。

⑪ ⑨で作成したグラフを、文書「Lesson50」の体験セミナー受講者数のグラフの下の行に、図として貼り付けましょう。
次に、中央揃えで配置しましょう。

⑫ 特記事項の下の行に、次のように入力し、文章に箇条書きを設定しましょう。

> 「Excel␣2021体験」は、早期に満席となったため日程を追加しました。↵
> 各体験セミナーとも満足度が高く、ステップアップへの動機づけができたと考えられます。↵
> キャンペーンの対象講座を受講された方に対してBasic講座のクーポンを配布し、8月講座への誘導を行いました（8/19時点実績：5名様お申込み）。

※英数字は半角で入力します。
※␣は半角の空白を表します。
※↵で[Enter]を押して改行します。

⑬ 完成図を参考に、「特記事項」から「…5名様お申込み）。」までの行に段落罫線を設定しましょう。

※文書とブックにそれぞれ「Lesson50完成」と名前を付けて、フォルダー「連携編」に保存し、閉じておきましょう。

お わ り に

最後まで学習を進めていただき、ありがとうございました。50個のレッスン、いかがでしたでしょうか?

基本操作も、いろいろなシーンに合わせた題材を学習することで、WordやExcelの表現や使用方法の幅が広がります。また、WordやExcelのそれぞれの特性をいかすことで、効率的に見栄えのする資料を作成できるということを実感いただけたのではないかと思います。

今後、いろいろな文書やブックを作成される際に、「あのレッスンの使い方をまねしたらもっと見栄えのする資料にできるのは?」といった発想のきっかけにしていただけましたら幸いです。

本書での学習を終了された方は、「よくわかる」シリーズの「よくわかる Word 2021応用」と「よくわかる Excel 2021応用」をおすすめします。

Word 2021応用やExcel 2021応用では、本書で学習した基本機能に加え、ビジネスシーンで使える様々な機能や操作方法を学習できます。WordやExcelの活用の幅を広げたい方にオススメです。

Let's Challenge!!

FOM出版

FOM出版テキスト

最新情報
のご案内

FOM出版では、お客様の利用シーンに合わせて、最適なテキストをご提供するために、様々なシリーズをご用意しています。

FOM出版 　🔍検索

https://www.fom.fujitsu.com/goods/

FAQ のご案内

[テキストに関する
よくあるご質問]

FOM出版テキストのお客様Q&A窓口に皆様から多く寄せられたご質問に回答を付けて掲載しています。

FOM出版　FAQ　🔍検索

https://www.fom.fujitsu.com/goods/faq/

よくわかる
Microsoft® Word 2021 &
Microsoft® Excel® 2021
スキルアップ問題集 操作マスター編
Office 2021／Microsoft 365 対応

（FPT2312）

2023年 9 月10日　初版発行

著作／制作：株式会社富士通ラーニングメディア

発行者：青山　昌裕

発行所：FOM出版（株式会社富士通ラーニングメディア）
エフオーエム
　　　　〒212-0014　神奈川県川崎市幸区大宮町1番地5　JR川崎タワー
　　　　https://www.fom.fujitsu.com/goods/

印刷／製本：株式会社サンヨー

● 本書は、構成・文章・プログラム・画像・データなどのすべてにおいて、著作権法上の保護を受けています。
　本書の一部あるいは全部について、いかなる方法においても複写・複製など、著作権法上で規定された権利を侵害
　する行為を行うことは禁じられています。
● 本書に関するご質問は、ホームページまたはメールにてお寄せください。
　＜ホームページ＞
　上記ホームページ内の「FOM出版」から「QAサポート」にアクセスし、「QAフォームのご案内」からQAフォームを
　選択して、必要事項をご記入の上、送信してください。
　＜メール＞
　FOM-shuppan-QA@cs.jp.fujitsu.com
　なお、次の点に関しては、あらかじめご了承ください。
　・ご質問の内容によっては、回答に日数を要する場合があります。
　・本書の範囲を超えるご質問にはお答えできません。　・電話やFAXによるご質問には一切応じておりません。
● 本製品に起因してご使用者に直接または間接的損害が生じても、株式会社富士通ラーニングメディアはいかなる
　責任も負わないものとし、一切の賠償などは行わないものとします。
● 本書に記載された内容などは、予告なく変更される場合があります。
● 落丁・乱丁はお取り替えいたします。

©FUJITSU LEARNING MEDIA LIMITED 2023
Printed in Japan
ISBN978-4-86775-060-5